新质生产力下的AIGC
辅助设计系列教材

AIGC

U0662338

3ds Max 2024+ VRay

室内效果图AIGC辅助设计

宋 扬 洪婷婷 周佼佼 编著

清華大学 出版社

北 京

内 容 简 介

在当今科技浪潮的推动下，AIGC 正以前所未有的速度改变着设计师的工作方式，成为提升设计效率的新引擎。

本书顺应了时代趋势，将经典的 3ds Max+VRay 制图技术和主流的 AIGC 工具——Stable Diffusion 有机融合，引领读者步入 AIGC 辅助设计的工作新情境。

本书共 3 篇。第 1 篇（第 1 章）为 AIGC 应用基础，读者可以熟悉 AIGC 技术基础知识，为在设计工作中应用 AIGC 打下基础；第 2 篇（第 2～6 章）为 3ds Max 和 VRay 系统操作，读者可以全面学习建模、渲染技巧，并在制图过程中融入 AIGC，提升制图效率；第 3 篇（第 7～8 章）为 3ds Max 与 AIGC 技术综合应用，在案例制作的多个阶段使用 AIGC 技术辅助实现更佳的表现效果。

作者专门为本书提供了多媒体教学资源和一系列高清教学视频，内容覆盖本书所有重难点，可帮助读者更直观地学习，大幅提高学习兴趣和学习效率。

本书内容全面、案例丰富、结构严谨、深入浅出，适合室内设计和相关从业人员阅读，也可作为大中专院校及培训机构的教材。

图书在版编目（CIP）数据

3ds Max 2024+VRay室内效果图AIGC辅助设计 / 宋扬，
洪婷婷, 周佼佼编著. -- 北京 : 清华大学出版社，
2025. 7. -- (新质生产力下的AIGC辅助设计系列教材).
ISBN 978-7-302-69440-3

Ⅰ. TU238-39

中国国家版本馆CIP数据核字第2025UU4602号

责任编辑：李玉茹
封面设计：李 坤
责任校对：吕春苗
责任印制：曹婉颖
出版发行：清华大学出版社
        网   址：https://www.tup.com.cn, https://www.wqxuetang.com
        地   址：北京清华大学学研大厦A座   邮   编：100084
        社 总 机：010-83470000   邮   购：010-62786544
        投稿与读者服务：010-62776969, c-service@tup.tsinghua.edu.cn
        质量反馈：010-62772015, zhiliang@tup.tsinghua.edu.cn
印 装 者：三河市铭诚印务有限公司
经   销：全国新华书店
开   本：185mm×260mm   印   张：15.25   字   数：359千字
版   次：2025年7月第1版   印   次：2025年7月第1次印刷
定   价：69.00元

产品编号：111490-01

前 言

3ds Max 凭借强大的建模能力、出色的材质处理、灵活的灯光设置、高质量的渲染输出和强大的插件支持系统，在三维设计工作中展现出独特的优势，在行业中占据着重要的地位。

AIGC(Artificial Intelligence Generated Content) 即人工智能生成内容，它的出现得益于人工智能技术的飞速发展。在当今时代，AIGC 正悄然引领着一场深刻的变革，原本依赖于灵感、直觉和丰富经验的构建空间美学，如今面临着许多现实层面的挑战。关于 AIGC 是否能够取代传统的设计、建模软件的问题，业界内外的讨论热度持久不减。

对于以上问题，笔者及团队基于长期实践探索和多方调研，一致认为：一方面，AIGC 确实展示出了其强大的潜能，通过高效的算法和深度学习能力，能够在短时间内完成大量标准化、模块化的设计任务，如快速生成概念设计方案、自动优化模型结构等，极大地提高了工作效率，降低了人力成本，并且在一定程度上突破了人类固有思维模式的限制，催生出新颖的设计方案；然而另一方面，受制于大模型的完善程度、生成的随机性及其他因素，尽管 AIGC 技术取得了显著的进步，但它仍然难以完全替代 3ds Max 这样的经典三维设计软件，分析原因如下。

首先，3ds Max 及其他同类软件提供了高度直观和灵活的操作界面，允许设计师通过建模、材质、灯光、渲染的各项工作流程打磨设计细节，这种灵活的交互方式对于艺术创意的自由发挥至关重要。尤其是在处理复杂空间关系、满足个性化需求和面对非规则空间设计时，AIGC 目前还无法达到与资深 3ds Max 设计师同样细致的程度。同时，由于 AIGC 可编辑性相对不足，在项目设计变更的灵活性和项目团队协同设计的便捷性上也相对处于劣势。

其次，室内设计是对空间进行综合设计的工作，不仅需要良好的视觉空间，更要求设计师基于工程施工的可实施性、造价的合理性、用户的体验性、文化背景的认同性等多种因素综合设计出具有人文关怀和创新理念的作品。而这些深层次创造性思考的过程，目前的 AIGC 尚无法完全进行。

最后，3ds Max 可以帮助新手设计师掌握基础技能、锻炼空间想象能力、培养专业素质，有效地为职业发展提供支持。而这一方面，AIGC 却不占优势。

以上观点供读者参考，希望可以对学习本书时理解 3ds Max 和 AIGC 的关系提供一种思路和一些帮助。

我们编写本套教材，并不旨在用 AIGC 取代 3ds Max，而是希望将 AIGC 作为一种有力的辅助手段，赋能设计师，提升工作效率、拓宽设计思路，发挥 AIGC 和 3ds Max 两者的优势，引领室内设计工作进入传统经典工作方式与人工智能协同的全新情境，促进设计品质和设计效率的提升。

本书配套资源

为了方便读者高效学习，本书专门提供以下学习资料。

◆ 同步教学视频。
◆ 本书教学课件（教学 PPT)。
◆ 本书中使用的材质文件和贴图文件。
◆ 本书涉及的组件文件。
◆ 本书案例的 Max 文件、CAD、贴图等文件。

素材 1

素材 2

索取课件
与教案

本书特色

1）完善的 3ds Max 知识体系

本书系统呈现了 3ds Max 的基础知识和其在实际工作中的运用技巧。从基础操作到综合案例，深入细致地梳理了 3ds Max 的重要知识、功能体系，确保读者掌握核心知识技能。

2）系统性的 AIGC 入门与实操指导

介绍了主流 AIGC 工具——Stable Diffusion 的原理及其辅助设计的实操。通过 Stable Diffusion 的安装、配置和使用方法的讲解，帮助读者快速上手，助力佳作的实现。

3）实用的行业案例

案例的选取注重实用性。通过案例的演示，强化重点知识，攻克技术难点，帮助读者积累从业经验。

4）丰富的知识拓展

对于重要和需要深化认识的知识，配有"温馨提示"和"知识拓展"板块，帮助读者拓宽认知维度，启发设计思维。

5）完善的电子资源

全书配备了高清教学视频，完整地呈现重难点知识的操作步骤，读者可随时随地观看并直观地进行跟练，帮助扫清学习障碍，提升学习效率。

本书作者

本书由宋扬、洪婷婷、周佼佼编著，AIGC 空间表现工作室的主要成员孙婉婷、穆鸿杰、王余乐、赵雯也参与了部分工作。

本书编写过程中，有部分案例借鉴了同行的优秀作品，在此表示感谢。作者团队在编写、制作的过程中力求严谨细致，但由于水平和时间有限，书中疏漏之处在所难免，恳请广大读者批评、指正。

编　者

目 录

第1篇 AIGC 应用基础

第2篇 3ds Max+VRay 系统操作

第 3 章　3ds Max 建模 ···59

第 3 篇　3ds Max 与 AIGC 技术综合应用

第 7 章　综合案例（一）居住空间——新中式卧室效果图制作 …173

第 1 篇

AIGC 应用基础

本篇主要介绍 AIGC 的概念、常见 AIGC 工具的类型和热门 AIGC 工具——Stable Diffusion 的安装及基本操作。读者可以熟悉 AIGC 技术及其相关应用领域，为在设计工作中运用 AIGC 打下基础。

第1章

AIGC 技术与 Stable Diffusion

内容导读 📖

随着 AIGC 技术的发展，"AIGC+ 设计"的潜力越来越受到设计行业从业者的关注。在 AIGC 的参与下，许多设计师的设计方式，甚至是工作模式悄然发生着改变。本章将介绍 AIGC 技术的基础知识和实操，帮助读者掌握工作中应用 AIGC 的方法。

学习目标 🎓

√ 认识 AI 与 AIGC
√ 熟悉常见的 AIGC 工具
√ 理解 AIGC 协同设计的工作思路
√ 掌握 Stable Diffusion 生成图像的基础操作

1.1 AIGC 与 Stable Diffusion 辅助设计概述

随着 AIGC 技术的持续迭代与深化，其与设计领域的深度融合所释放出的无限潜力，已然成为设计行业从业者瞩目的核心议题。对于初涉此领域的零基础学习者来说，欲开启 AIGC 学习之旅，首要之举便是精准把握 AIGC 的核心概念，并熟练掌握相关工具的运用，以此筑牢知识根基，为后续进阶发展奠定坚实基石。

1.1.1 AIGC 的概念与 AIGC 工具

近年来，随着科学技术的不断进步，AI（Artificial Intelligence，人工智能）技术得到了飞速发展，并逐渐具备了数据分析、理解、推理甚至决策的能力。于是，AI 越来越走近人们的生活，AIGC 的概念也应运而生。AIGC(Artificial Intelligence Generated Content) 的中文翻译即"人工智能生成内容"，其在设计工作中的应用前景是非常广阔的。

目前，对 AIGC 这一概念，尚无统一规范的定义。根据中国信息通信研究院 2022 年 9 月发布的《人工智能生成内容（AIGC）白皮书》，国内产学研各界对于 AIGC 的理解是"继专业性生成内容 PGC(Professional Generated Content) 和用户生成内容 UGC(User Generated Content) 之后，利用人工智能技术自动生成内容的新型生产方式。"

AIGC 技术的飞速发展，正悄然引导着一场深刻的变革，同时重塑甚至颠覆数字内容的生产方式和消费模式。作为设计行业从业者，我们可以利用 AIGC 工具，依据输入的条件或下达的指令，生成与之对应的内容。例如，通过输入一段语言描述、关键词或脚本信息，AIGC 可以生成与之相匹配的文章、图像、音频、视频等。合理运用 AIGC 工具，将在很大程度上提升我们工作和学习的效率。

如图 1-1 所示，《太空歌剧院》这幅作品是由 AIGC 工具主导完成创作的，却获得了美国科罗拉多州数字艺术比赛的一等奖，打败了众多以传统创作方式参赛的选手。这个案例已经充分证明了 AIGC 工具的创作能力及其广阔的应用前景。

> **知识拓展** **能为设计工作赋能的 AIGC 工具有哪些？**
>
> 在生成式人工智能领域，与设计创作紧密相关的 AIGC 工具众多，不同 AIGC 工具的开放程度、性能、适用场景也有区别。其中被公认为性能优越、拥有用户群较多的主流 AIGC 工具包括 ChatGPT、DALL-E、Midjourney、Stable Diffusion 等。同时，国内也有一些较优秀的 AIGC 工具，如文心一格、通义万相、智谱清言、Kimi 等。合理使用这些工具，可以为创意提供有效辅助。

图 1-1

1.1.2　Stable Diffusion 概述

Stable Diffusion 简称 SD，是一种具有开源特点的 AIGC 工具，允许用户在本地设备上进行图形图像的加工和输出，其核心开发者来自德国慕尼黑大学研究团队，开发过程中同时得到了 Stability AI 等机构的支持。Stable Diffusion WebUI 作为一款在浏览器上运行的程序，以其友好的用户界面、跨平台兼容性、实时更新与社区支持、丰富的教育资源，在推动 AI 绘画的普及和 AI 的商业化应用中扮演了跨时代的角色，让普通用户得以真切感受到 AI 绘画的无限魅力与可能性。

相较于其他同类 AIGC 工具，Stable Diffusion 具备以下显著特性。

1）开源免费性

Stable Diffusion 属于开源绘画工具，用户无须支付费用或购买会员即可使用其强大的图像生成功能，这在许多同类 AIGC 工具中是比较少见的。

2）使用的方便性

由于 Stable Diffusion 具有开源性，其大模型及丰富的插件资源不但易于获取，且能适应多种网络环境，同时支持单机免费使用。国内外有许多平台提供专业的 Stable Diffusion 模型和资源，使得用户获取和使用相关资源十分便捷。

3）功能的丰富性

除了基本的文字转图像生成功能，Stable Diffusion 还能对已有的图片进行编辑和二次创作，其集成的一系列工具支持后期处理工作。随着用户和贡献者群体的不断壮大，Stable Diffusion 在用户体验、资源优化和新功能开发方面具有持续提升的潜力。

4）强大的可控性

用户可以通过专业人士提供的整合包，利用 WebUI（浏览器用户界面）来操作 Stable Diffusion。该界面经过专业打包，提供了简单易用的安装方式、直观的操作界面和稳定的运行性能，极大地提升了用户使用体验。

综上所述，Stable Diffusion 凭借其独特的技术架构、开源性、便捷性、丰富的功能集以及良好的用户可控性，在 AIGC 领域展现出显著的应用价值和市场竞争优势。

知识拓展 **Stable Diffusion 的工作原理**

Stable Diffusion 工作的基本原理是通过模拟扩散过程来生成类似于训练数据的新数据。对扩散模型背后技术细节的理解需要相应专业基础，而探索这些细节并不是本书的重点，因此这里仅为读者简要介绍扩散模型的工作过程，其主要分为以下几个步骤。

（1）初始化。给定一个原始数据集，例如图像、文本或其他类型的数据。

（2）扩散过程。在该过程中模型会将数据逐渐向原始数据集的中心值靠近。

（3）生成新数据。在扩散过程结束后，模型会生成一个新的数据样本，这个样本具有与原始数据集相似的特征。

（4）反向扩散过程。该过程可以使生成的数据更接近原始数据集的分布。

（5）重复和优化。提高生成数据的多样性和数据生成质量，最终通过解码器转化为最终的图像输出。

其原理如图 1-2 所示。

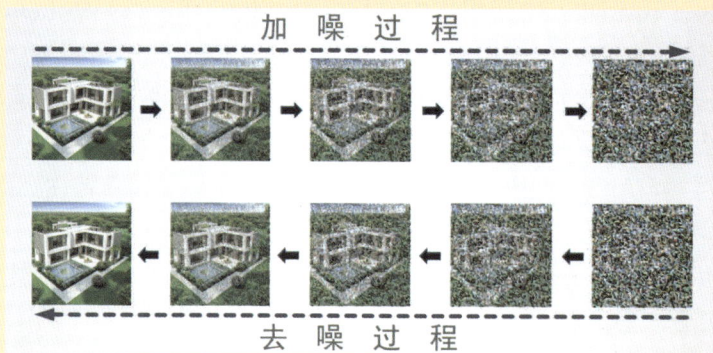

图 1-2

1.1.3 Stable Diffusion 的应用领域

通过前面对 Stable Diffusion 的介绍，我们已对其核心功能有了初步认识。那么，如此强大的 AIGC 工具能在哪些行业领域发挥作用呢？

下面对涉及 Stable Diffusion 应用前景的领域做简要介绍。

1）艺术创作

Stable Diffusion 可以帮助艺术家快速生成图像草稿、自动进行作品上色，或者根据现有线稿扩展出多种风格变体，有效提供创意思路和视觉参考，使艺术家提高创作效率，从而有更多精力专注于艺术理念的提炼和创作细节的打磨。

2）广告创意

Stable Diffusion 可以短时间内生成大量具有新颖视觉效果和创意概念的广告素材，能为广告设计人员提供多样化的视觉方案，便于广告设计人员筛选、融合并最终确定最具市场吸引力的广告创意。

3）游戏与动漫产业

Stable Diffusion 能够依据游戏设计师提供的概念描述或基础素材，自动生成多样化的角色形象、服装搭配以及表情动作，加速角色设定的过程。同时还可用于场景构建，创造风格各异的游戏环境、背景景观、视觉元素等，为游戏增添更多细节和氛围感。

4）工业设计

通过训练产出专属的工业产品大模型，Stable Diffusion 能够根据客户需求生成家电、家居用品、工具设备等产品的设计图，同时可以提供多种产品设计方案，助力设计师快速优化产品。

5）建筑与室内设计

Stable Diffusion 可用于生成建筑平面和立面、室内装修布局、色彩搭配及家具布置方案，为设计师提供丰富的创意灵感，让设计师更轻松、便捷地向客户展示方案，显著提升推敲和决策的效率。

知识拓展　**在未来设计工作的领域，AIGC 会取代人类吗?**

　　随着 Stable Diffusion 技术和资源的迭代优化，其应用场景将进一步拓宽，有望在更多行业中发挥创造力助推器的作用。然而，尽管 AIGC 在生成创意内容方面展现出巨大的潜力，但作者团队认为，至少在相当长的一段时间内，艺术创意的核心——包括审美判断、情感表达、文化内涵的把握等这些依赖于人类的专业知识、独特视角和深度思考的工作——还需要专业设计师的参与和把控。因此，理想的人机协作模式应是 AIGC 与人类专家智慧有机结合，由 AIGC 负责高效生成海量创意选项，而人类专家则运用专业素养和审美眼光进行筛选、优化和赋予作品情感内涵和艺术灵魂，二者共同推动设计工作的发展与创新。

1.1.4　Stable Diffusion 的设计辅助

1. 基于文本描述的设计概念生成

Stable Diffusion 能够根据设计师输入的文本描述如"未来主义风格的智能手表"（见

图 1-3）、"复古蒸汽朋克咖啡馆室内设计"（见图 1-4）生成相应的视觉概念图。这些概念图可作为设计初期的灵感来源，帮助设计师快速捕捉设计灵感，能极大地加速设计创意的产出效率。

图 1-3

图 1-4

2. 设计风格的调整与对比

设计师可以利用 Stable Diffusion 对特定设计元素进行实时调整与优化。例如，设计师通过微调文本描述将"暖色调现代简约客厅"（见图 1-5）变为"冷色调现代简约客厅"（见图 1-6），方便设计师对比不同色彩方案的效果。此外，设计师还可以通过添加特定细节描述如"增加金色金属装饰元素"，来细化设计。

图 1-5

图 1-6

3. 设计素材库的扩充

对于需要大量视觉素材的设计项目，如平面、室内设计类项目，Stable Diffusion 能够批量生成多样化的图形、图案、背景、空间等设计元素。这不仅丰富了设计师的选择，还能够节省寻找素材的时间和购买版权的成本，如图 1-7 所示。

图 1-7

4. 跨领域设计融合与创新

Stable Diffusion 擅长跨领域知识的融合，使得设计师能够轻松实现不同设计风格、文化元素、艺术流派之间的混搭与创新。例如，通过指令生成一幅具有"荷兰风格派与构成主义结合"风格的装饰画，输出独特的跨界设计概念，推动设计思维的扩展，如图 1-8 所示。

5. 实时与客户沟通与反馈

在与客户沟通设计方案的过程中，设计师可以利用 Stable Diffusion 即时生成符合客户描述的设计草案，直观地展示预期效果，这有助于提升沟通效率，能确保设计理念精准契合客户需求。

图 1-8

综上所述，Stable Diffusion 作为一款强大的设计辅助工具，以其高效的文本到图像生成功能，广泛应用于设计概念生成、元素调整、素材库扩充、跨领域创新、客户沟通等多个环节，显著提升了设计工作的灵活性、创新性和高效性。

1.2 Stable Diffusion 的安装

Stable Diffusion 的安装需要一定硬件条件支持。计算机硬件配置的高低直接决定了系统运行的稳定性和处理能力。良好的硬件配置可保证 Stable Diffusion 在处理复杂图像生成任务时能够高效、稳定地运行，并具备一定的未来扩展性，以便应对可能的模型升级或更高级别的使用场景。

1.2.1 安装配置需求

Stable Diffusion 的配置没有固定标准，基于保证基础使用和流畅使用要求的配置参考如图 1-9 所示。

最低配置:	推荐配置:
操作系统:无硬性要求	操作系统:Windows 10 64 位
CPU.无硬性要求	CPU:支持64位的多核处理器
显卡:GTX1660Ti及同等性能显卡	显卡:RTX3060Ti及同等性能显卡
显存:6GB	显存:8GB
内存:8GB	内存:16GB
硬盘空间:20GB的可用硬盘空间	硬盘空间:100~150GB的可用硬盘空间

图 1-9

【温馨提示】

图 1-9 中"最低配置"是指保证 Stable Diffusion 基础使用的最低配置。如果用户想获得更快的出图速度和更强大的算力，则需要更强大的硬件。若采用"推荐配置"，需提升显卡至 NVIDIA RTX3080、RTX4080 或者更高，可以明显提高 Stable Diffusion 出图的速度和处理任务复杂度的上限。当然，硬件性能越好，市场价格也就越高，用户可以根据自己的使用要求和消费能力权衡，找到适合自己的硬件产品。

此外，硬盘空间需求较大的主要原因是大模型存储的需要。使用固态硬盘运行程序的效果更佳。

1.2.2 本地安装部署

在本地安装部署 Stable Diffusion 程序前，可以先检查一下硬件配置。若低于推荐配置，尤其是显卡性能方面的配置，可能会对使用过程中的体验感造成较大影响，并存在安装或运行失败的可能性。如硬件配置达到推荐配置，前期的学习和简单的生成处理则不存在太大问题，即可尝试安装部署。

下面以 Windows10 操作系统为例，介绍 Stable Diffusion 的安装流程。

1. 下载 Stable Diffusion 整合包

首先需要从 Stable Diffusion 的官方网站或 B 站 UP 主"@ 秋葉 aaaki"的视频链接中下载该整合包，如图 1-10 所示。下载完毕的整合包压缩文件名通常为 sd-xxx.rar、sd-xxx.zip、sd-xxx.7z 或 sd-xxx.tar，其中 xxx 表示版本号信息。

图 1-10

推荐使用 B 站 UP 主"@ 秋葉"发布的"绘画整合包"作为程序安装包，它是目前市面上最易使用的整合包之一，无须对网络和 Python 有太多的前置知识。

"绘画整合包"于 2023 年 4 月 16 日发布，集成了过去几个月中 AI 绘画集中引爆的核心需求，例如 ControlNet 插件和深度学习技术。它能够与外部环境完全隔离开来，即使对编程没有任何知识的使用者也可以从零开始学习使用 Stable Diffusion，几乎无须调整设置就能够体验到新版的核心技术。

2. 进行整合包解压

将下载的整合包压缩文件进行解压。这里要注意的是，为了程序运行稳定，安装目录中最好不要出现以中文命名的路径。

3. 完成运行的前置工作

双击"启动器运行依赖"程序，待程序运行完毕，右击"sd-webui-aki-v4.6.7z"文件解压，如图 1-11、图 1-12 所示。

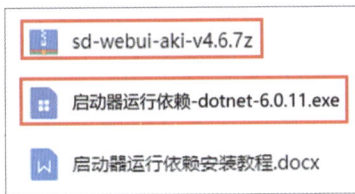

图 1-11

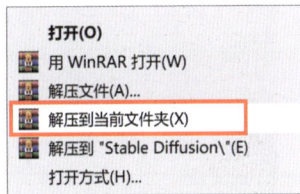

图 1-12

4. 打开程序

进入解压后的 sd-webui-aki-v4.6.7z 文件夹，双击"A 启动器"程序，如图 1-13 所示。

图 1-13

5. 执行"一键启动"

单击界面右下角的"一键启动"按钮即可运行 Stable Diffusion，如图 1-14 所示。

图 1-14

6. 等待程序运行

在系统弹出启动控制台界面后，等待程序运行结束，如图 1-15 所示。

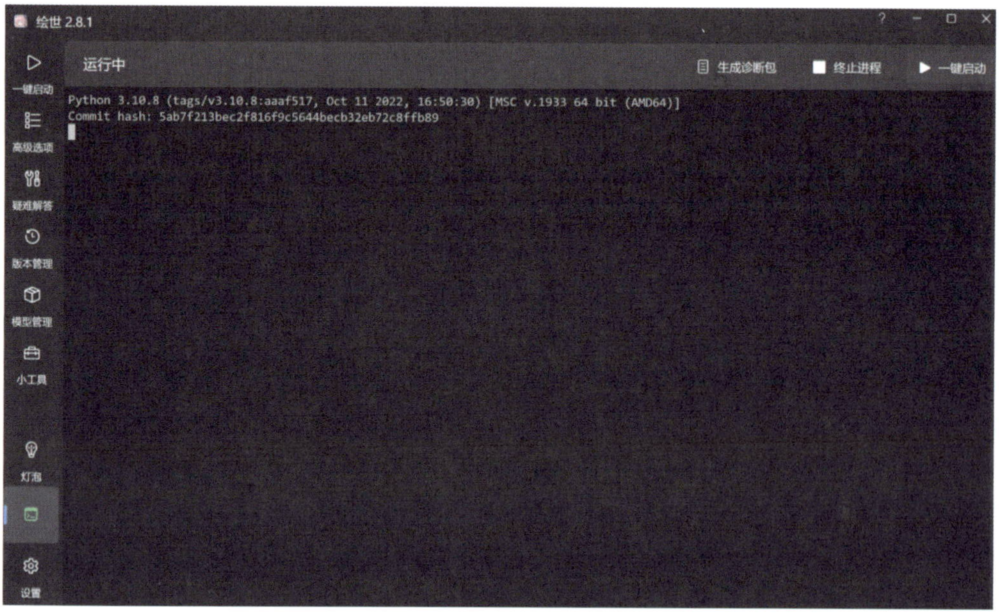

图 1-15

7. 启动完成

根据计算机配置和整合包版本的不同，程序运行所需要的时间会有所差别。一般等待 10 ～ 30 秒，系统就会自动弹出 WebUI 的操作界面，然后即可在界面中使用 Stable Diffusion 进行内容创作，如图 1-16 所示。

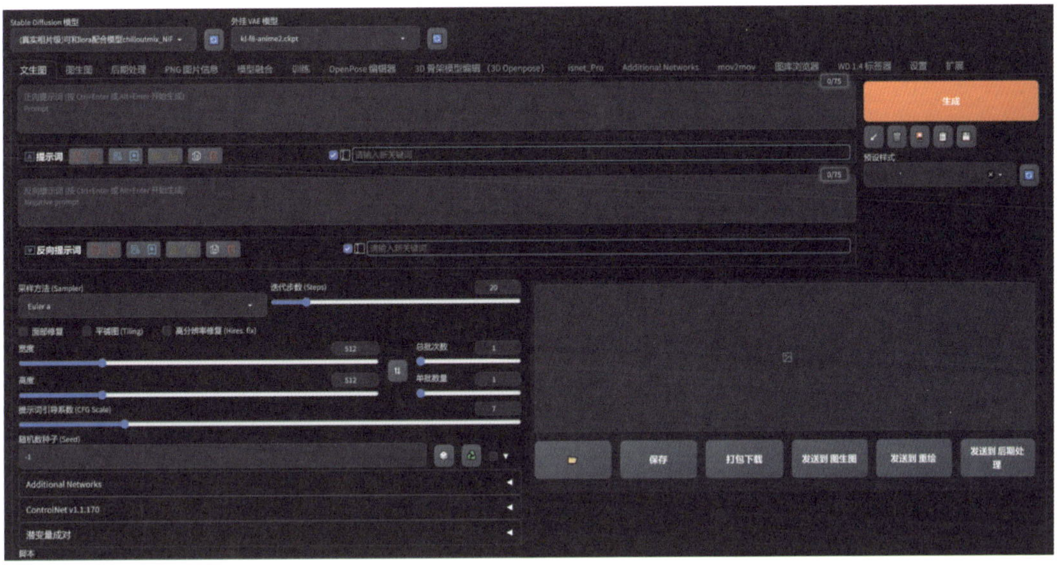

图 1-16

【温馨提示】

在 Stable Diffusion WebUI 界面中，可以进行工作背景色的切换。一般而言，工作时间越长，越容易产生视觉疲劳。同时，眼睛长时间盯着屏幕的亮色也会增加这种疲劳感，切换屏幕背景色为深色则能有效缓解长时间工作对视觉的刺激。

切换方法为：在本地计算机浏览器地址栏对地址 http://127.0.0.1:7860/?__theme=light 的后缀进行修改，将 light 改为 dark，即修改地址为 http://127.0.0.1:7860/?__theme=dark。反之，将 dark 改为 light，也可将深色改为亮色。

1.2.3　云部署

如果计算机满足不了 Stable Diffusion 最低配置要求，也可通过云服务器来实现 Stable Diffusion 的使用。

常见的云部署平台有阿里云、腾讯云、谷歌 Colab 等。其中，阿里云是阿里巴巴集团旗下的云计算服务提供商，致力于提供安全、稳定、可靠的云计算服务，帮助企业加速数字化转型，实现普惠科技；腾讯云是由腾讯公司推出的云计算服务，提供了包括云服务器、数据库、网络、安全等在内的一系列云计算服务；Colab 是谷歌的一个在线工作平台，可以让用户在浏览器中编写和执行 Python 脚本，此外，它还提供了免费的 GPU 来加速深度学习模型的训练。

由于本书着重讲解本地部署 Stable Diffusion 辅助设计的使用，且各云端平台操作具有相似性，在这里仅对阿里云部署进行简要介绍。

阿里云提供了云端部署 Stable Diffusion 所需的基础设施和云服务，用户可以在阿里云平台上创建云服务器，然后在服务器中安装各种软件。图 1-17 所示为阿里云平台上的云服务器。用户可以登录阿里云平台并购买云服务器，然后通过远程桌面连接该服务器，并在服务器上安装和配置 Stable Diffusion 所需的软件和环境。完成部署后，可通过访问服务器 IP 地址或者域名来使用 Stable Diffusion。

图 1-17

1.3 Stable Diffusion 的常用功能

Stable Diffusion 的常用功能包括文生图、图生图、ControlNet 和脚本等。这些功能使得用户可以利用 Stable Diffusion 来进行图像的生成及加工处理，让用户获得灵感的同时也能加工、深化作品，显著提升工作效率。

1.3.1 文生图

Stable Diffusion 中的文生图 (Text-to-Image) 是将提示词、自然语言（文本）等转化为视觉图像的一种人工智能算法。其中，用户提供的文本描述是生成图像的核心依据，这一系列的文本描述直接决定了生成何种结果。在实际工作中，提示词常常被形象地称作"咒语"，它决定了 Stable Diffusion 最终生成图像的艺术性和表现力。

当设计师构思一幅室内空间画面时，脑海中常常会浮现以下问题。

- 本次设计任务涉及的是什么类型的空间？
- 想要创造什么风格倾向的空间？
- 室内的软装搭配如何统筹？
- 细节部分想要体现哪些元素？
- 想要作品呈现什么样的艺术效果？

这些问题的答案将来都可以作为 Stable Diffusion 的提示词，从而影响生成结果。如何进行提示词输入，让 Stable Diffusion 更好地识别用户的想法，需要系统学习与提示词有关的知识和使用技巧。

1. Stable Diffusion 大模型

Stable Diffusion 大模型也称为"基础模型"或"底模"，其查看和调用的按钮位于工作界面的左上方。大模型是 Stable Diffusion 图像生成的基础模型，决定了生成图像的质量和主要风格。常用的大模型大体可以分为三类：二次元、真实系和 2.5D，分别对应不同的画风和领域。用户单击"Stable Diffusion 模型"下拉列表的倒三角符号▼，即可选择和切换大模型，如图 1-18所示。

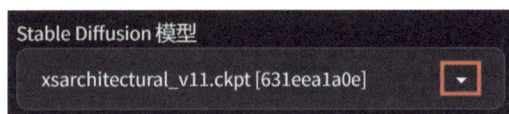

图 1-18

大模型是 Stable Diffusion 必须搭配的基础模型，不同的基础模型会产生不同风格的输出，大模型的安装方法参见本章课堂练习部分。

2. 提示词输入区

我们需要在 Stable Diffusion 指定区域内输入提示词，这个指定区域即为提示词输入区。由于提示词分为正、反两个方向，所以在 Stable Diffusion WebUI 中分别有正向提示词与反向提示词两个输入区，如图 1-19、图 1-20 所示。

图 1-19

图 1-20

1）正向提示词

正向提示词是对生成指令给予的正向语言描述，即希望 Stable Diffusion 如何去生成图像。

例如，若要生成一幅包含衣柜和绿植元素的卧室场景图像，可以使用如下英文描述：Bedroom scene image with wardrobe and greenery elements。输入完成后单击右侧的"生成"按钮（见图 1-21），即可在默认参数状态下生成一张图像了。重复执行生成操作，可得到不同的新图像，如图 1-22 所示。

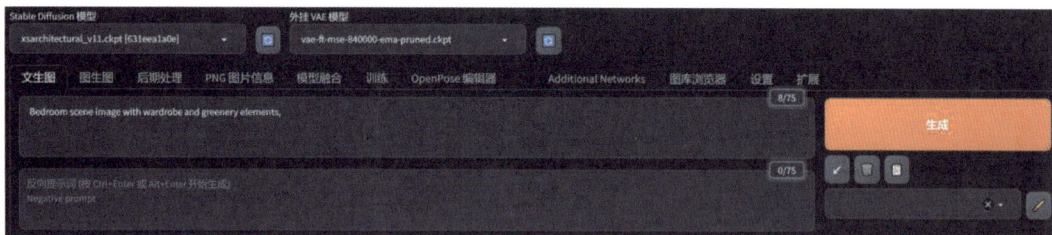

图 1-21

图 1-22

【温馨提示】

　　目前，Stable Diffusion 仅支持输入英文提示词，多个提示词间须以英文逗号分隔。用户若只会中文，可利用翻译工具事先将中文翻译成英文后再将其输入，或直接利用翻译插件功能，让系统在接收中文提示词后自动转化为英文进行处理。

通常情况下，提示词不必像叙述故事那样详尽地描述场景，仅提取关键词作为提示词即可。例如，在上面的例子中，通过简化提示词为"Bedroom scene, Wardrobe,Green plant"（见图 1-23）这样的核心词汇组合，也能得到与原始细致描述相近的图像生成结果，如图 1-24 所示。

图 1-23

图 1-24

2）反向提示词

反向提示词是用户对 Stable Diffusion 发出的一种反向指令。通常，对于不想在图像结果中出现的元素，我们就可以在反向提示词输入区输入相应内容，这时候 Stable Diffusion 生成的图像就会排除某些特定元素。例如，如果在反向提示词输入区设定了 Green plant，系统在生成的结果中将会避免包含绿植的图片，与此同时系统可能会更多地展现其他的元素，如图 1-25 所示。通过这种方式，我们可以轻松排除一些不想要的效果。

图 1-25

【温馨提示】

　　Stable Diffusion 默认生成图片的尺寸"宽度""高度"数值都为 512，且批次和数量都为 1。若想更改图片尺寸，可调节"宽度""高度"选项；若想一次性生成多张图片，则可以相应调整"总批次数"或"单批数量"，如图 1-26 所示。

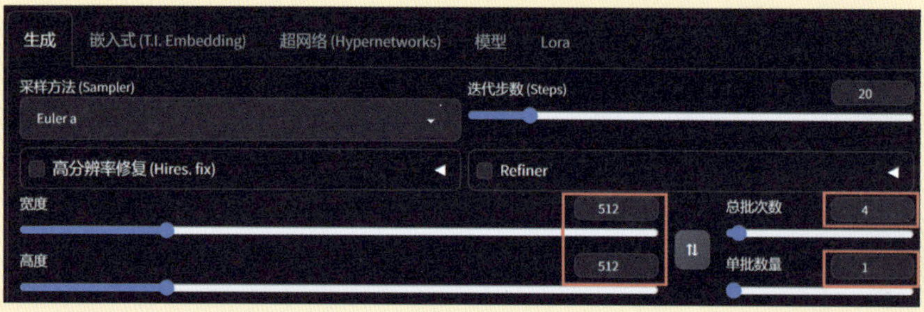

图 1-26

知识拓展　**Stable Diffusion 反向提示词的作用**

在 AIGC 辅助设计工作实践中，反向提示词的作用通常有 4 个，分别是提升质量、排除物品、控制风格、避免错误。

1）提升质量

加入 Low quality（低画质）、Low resolution（低分辨率）等词语作为反向提示词，再让 Stable Diffusion 生成一幅图像，可以发现画质有显著提高。

2）排除物品

反向提示词能够针对性地排除不希望出现的物品。如要创建一幅不含沙发元素的新中式客厅的图像，只需添加反向提示词 Sofa（沙发），即可指示模型在生成的新图像中移除沙发这一元素。

3）控制风格

在反向提示词中加入如 3D（三维）、Photo（照片）、Realism（写实）等词语，搭配手绘风格模型，生成的图像就更倾向于手绘风格。

4）避免错误

有时在人物图像生成过程中，常会出现额外肢体、手指数量异常或多余面部瑕疵等问题。通过在生成时输入特定的负面关键词，如 Excess fingers（多余的手指）、Extra limbs（多出的四肢）、Ugly face（丑陋的脸部）等英文提示词，可以有效地减少这些错误现象的发生。

3. 提示词的权重

当在 Stable Diffusion 中输入描述时，可能会有多个提示词词组。例如，输入正向提示词描述了空间 Kitchen（厨房），空间里的物品 Tables and chairs（桌椅）、Tableware（餐具）、Hamburger（汉堡）、Apple（苹果），由于描述的物品较多，加上 AI 具有随机性，并不总是能够充分识别并在输出结果中展示出所有的描述。如果用户觉得某一个物品非常重要，想强化其在生成结果中出现的概率，则可对该提示词增加权重。例如，非常想让苹果出现在厨房空间，却在输入提示词"Kitchen,Tableware,Hamburger,Tables and chairs,Apple"后未发现苹果，则可在提示词 Apple 的外侧加上一个括号以提高权重，如"(Apple)"，这样苹果的权重就会变成以前的 1.1 倍。若还想进一步增加权重，还可以在后面加上冒号和具体数值，如"(Apple:1.3)"，这样苹果的权重就会变成以前的 1.3 倍。如此操作，则可轻松看到生成图像中出现了苹果这一元素，如图 1-27 所示。

图 1-27

　　一般来说，提示词权重的安全范围为 0.5 ～ 1.5。如果某个提示词的权重超出这个范围，生成的图像可能会出现扭曲的情况。

【温馨提示】

　　作为一款开源软件，Stable Diffusion 对用户的限制比较少。在生成的图像中，有时会出现少儿不宜的画面，例如含色情、暴力元素的画面。因此，在使用过程中，可以输入反向提示词，如 NSFW（不适宜工作场所）、Naked（裸体）、Violence（暴力）、Terror（恐怖）等来限制生成负面内容，从而得到更积极向上、充满阳光的图片，如图 1-28 所示。

图 1-28

1.3.2　图生图

1. 图生图的基本操作

Stable Diffusion 中的图生图（Image-to-Image）功能是指基于原始图片，设定一些参数,通过人工智能算法创作出新图像的方式。具体操作时,需要先上传图生图功能所依赖的原始图片作为基础底图,然后通过添加提示词或进行其他形式的二次创作,来生成具有不同风格或内容的全新图像。Stable Diffusion 的图生图功能位于工作界面的左上方,如图 1-29 所示。

　　进入"图生图"功能区后可以发现,其界面和"文生图"十分相似,只是在工作区中多了一些功能板块,如上传图片的区域。用户可以在此处进行单击(见图 1-30),单击完成后会弹出一个对话框,指示用户由本地计算机路径上传一张图片。选择一张图片后单击"打开"按钮(见图 1-31),即可上传成功,如图 1-32 所示。

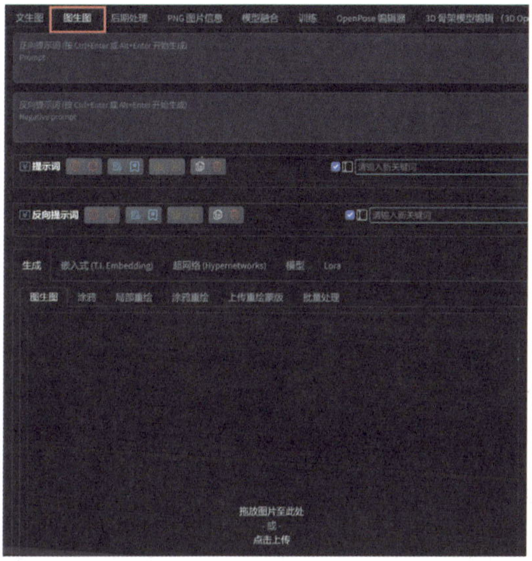

图 1-29

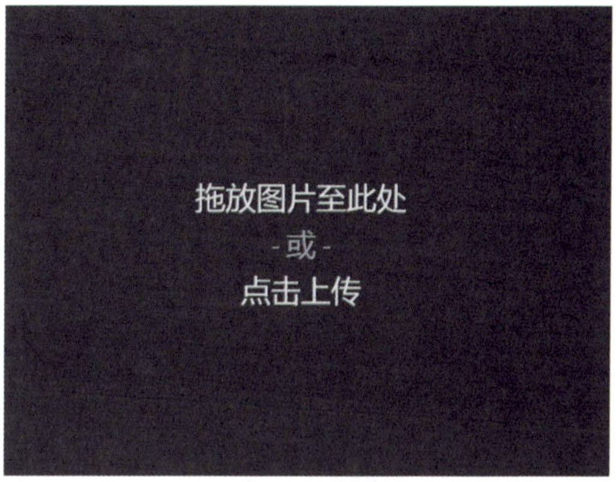

图 1-30

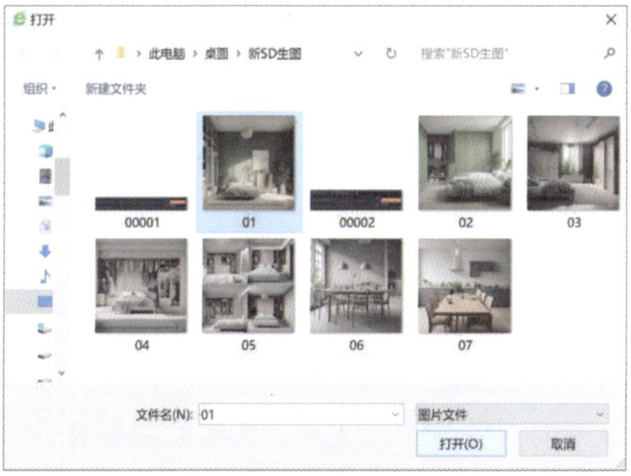

图 1-31

图 1-32

　　如果想重新微调图片，可以在不输入提示词的情况下将"重绘幅度"降至 0.3 ～ 0.5，选择对应的生成批次，单击"生成"按钮，即可生成该图片的微调结果。

2. 图生图的局部重绘

　　图生图的局部重绘功能是在不改变整体构图的情况下，对图片的某个区域进行重绘，它可以手动重绘，也允许上传精确蒙版重绘。 这是 Stable Diffusion 中的一个非常有特色的功能，它既可以满足精确绘图的需要，也可以实现比传统软件（如 Photoshop）更快的处理速度。在参数设置好后，通常仅需数秒至十几秒即可完成对图像的修改、重绘。

　　背景墙上的装饰画色彩不够丰富或不太漂亮，那就可以在保持整体风格不变的前提下进行局部的调整。调整方法如下。

步骤 01 上传重绘图片。在"局部重绘"面板中单击"拖放图片至此处"按钮上传图片，如图 1-33 所示。上传的图片即为待加工的图片。

步骤 02 确定重绘区域。对想要加工的区域进行涂抹，涂抹时可以调节右上角的滑块来设置笔刷大小，注意尽量贴近需要改变的装饰画区域。如果绘制有误，可以单击右上角的"清除"按钮▨进行清空，即可重新绘制，如图 1-34 所示。

图 1-33　　　　　　　　　　　　　　　　　　图 1-34

步骤 03 设置参数。根据需要设置主要参数，例如，"蒙版模式"选择"重绘蒙版内容"，"蒙版区域内容处理"选择"原版"，"重绘区域"选择"仅蒙版区域"，"总批次数"设为 6，其余参数保持默认。

步骤 04 输入提示词。输入正向提示词 Colorful decorative painting（彩色装饰画），输入反向提示词 Low quality（低质量）。

步骤 05 执行生成。单击"生成"按钮执行生成命令，等待计算完毕，最终生成如图 1-35

所示的结果。观察生成结果可以发现，通过局部重绘功能对原本色彩单一的装饰画进行随机修改后，颜色符合预期效果。

图 1-35

3. 图生图的参数

图生图的参数有很多，且随着 Stable Diffusion 版本的迭代，参数还在不断变化，这里着重为读者介绍常用参数和面板的含义，其余部分参数可在案例实践操作时查看相应效果。

1）重绘幅度

在图生图功能中，"重绘幅度"是一个重要参数，它控制着生成过程中对初始图像噪声的处理程度。具体而言，当"重绘幅度"设为 0 时，模型基本上不进行扩散去噪，这意味着输出图像将与输入图像几乎一致，不会有任何创造性的变化；随着"重绘幅度"增大，模型会在原始图像上施加不同程度的随机噪声，并通过扩散模型逆向迭代去除噪声以生成新的图像内容。较小的"重绘幅度"可能导致生成的图像保留更多的原图特征，而较大的重绘幅度则可能带来更大程度的变化和更多的创新性元素。当"重绘幅度"设为接近或等于 1 时，模型会倾向于完全重构图像，这一过程更类似于文生图功能。

在 Stable Diffusion 中调整"重绘幅度"参数，可以观察到不同参数下图像的转化效果，如图 1-36 所示。随着参数值的变化，用户可以看到图像在细节、风格、光影等元素上的变化。

图 1-36

【温馨提示】

　　在图生图过程中，正向提示词和反向提示词用于指导 Stable Diffusion 模型在生成图像时强化或抑制某些特征。常用的正向提示词有 Best quality（最高质量），Full detail（丰富细节）、Masterpiece（杰作）等，常用的反向提示词有 Low quality（低质量）、Blurry（模糊的）等，这些提示词会鼓励模型输出具有高质量、丰富细节的图像。

2）提示词引导系数（CFG Scale）

　　提示词引导系数决定了 Stable Diffusion 对输入提示词的响应程度，它可以在 0 ~ 30 之间进行调整。当增大该系数时，模型会更严格地按照所给提示词来生成图像内容，因此生成的图像会更加符合用户所给定的要求。但是，过高的系数可能会导致过度依赖提示词而牺牲了图像本身的多样性和自然性，因此建议将该值保持在一个合理的范围内，例如在 5 ~ 20 数值区间。

3）随机数种子(Seed)

　　随机数种子可以影响生成图像的随机性。即使其他参数相同，不同的随机数种子也会产生不同的图像。这使得每次生成的图像都具有一定的差异，因此也增加了创作的多样性。如果随机数种子值为 -1，则表示每次生成图像的种子都是新的、不固定的。

4）涂鸦

　　涂鸦功能可以让我们在原图上进行简单的创作后，再生成图片。用户可以在原始图片上手动绘制线条或形状，指示 Stable Diffusion 在哪里以及如何进行修改或添加内容。例如，我们可以通过自由涂鸦来指示 Stable Diffusion 应该在哪个区域生成新的元素，或者改变该区域的已有特征。

5）涂鸦重绘

这是一种结合了涂鸦和局部重绘的方式，是在原图上通过简单的线条或轮廓描绘出想要改变或添加的部分，然后由模型处理这部分涂鸦，使其按照提示生成相应的图像内容。

6）上传重绘蒙版

用户可以上传一个黑白或灰度蒙版图像，其中白色区域表示希望模型处理并生成新内容的部分，黑色区域则表示保持不变。这种方式为用户提供了一种更为精确的方式来指导模型对原始图像进行编辑。

7）批量处理

Stable Diffusion 允许用户一次性上传多个图像，并应用相同的提示词和参数设置来批量生成新的图片，适用于风格迁移、多幅图像的一致性修改或其他批量化的创作任务。

知识拓展　**图生图功能的应用**

图生图功能在设计工作中的应用大致可以归纳为以下几个方面。

1）生成变体，拓展创意

使用图生图，可以开拓创意思维。通过增大"重绘幅度"，或者通过使用与参考图不同的提示词去替换参考元素，能让 Stable Diffusion 自由发挥创意。

2）提升分辨率，提升画质

用户可以通过图生图的高清放大功能获得更高分辨率的图像。

3）转换风格

通过使用不同的提示词，用户可以改变画面风格；通过不同类型模型的切换，可以轻松地将实拍照片转换为卡通图像，或者将手绘风格变为三维效果。

4）二次编辑，修改图像

通过图生图功能，用户可对上传图像进行二次加工。既可以整体调整，也可以局部加工，其效率在很多时候要高于传统图像加工软件。

5）增加细节，光影调色

Stable Diffusion 能够根据用户提供的文本描述创建高质量的图像，用户通过调整或完善输入的文本提示获得更细腻、内容更丰富的图像效果。同时，图生图能够通过较大的"重绘幅度"值用一张具有色彩倾向的图像来控制文本生成的图像，从而实现调色的目的。

1.3.3　拓展功能

使用 Stable Diffusion 生成图像时，由于 AI 固有的随机性特征，所得到的图像输出结果往往具有不可预见性。因此，为了能够创造出期望的图像效果，可以利用拓展功能引入人为调控机制，以指导 Stable Diffusion 更精准地满足我们的工作需求。

1. ControlNet

ControlNet 在 Stable Diffusion 中 属 于 控 制 图 像 生 成 的 插 件。在
ControlNet 出现之前，很难知道 AI 能给我们生成什么样的图片，就像在漫无目

的地"开盲盒"。ControlNet
出现之后，我们就能利用其功
能精准地控制图像生成效果，
如使用 Stable Diffusion 为上
传的线稿填色渲染，控制人物
的姿态，将图片生成线稿，让
毛坯房效果变为精装房效果，
等等。图 1-37 为 ControlNet
识别毛坯建筑结构的处理图。

图 1-37

ControlNet 通过图像识
别、控制线条等形式，可以凭
借多样化的预处理手段适应不同的应用场景，并引导图像生成，从而帮助用户更有效地
创造出所需的图像效果，如图 1-38 所示。

图 1-38

2. 脚本

脚本能够在每一步骤执行的过程中插入更多定制化的操作。以"X/Y/Z plot"脚
本为例（见图 1-39），使用传统方法生成图片时依赖反复测试，即从设定参数到生

成并保存图像，再到调整参数
重复生成和保存，这一系列的
测试过程既耗时又费力。而借
助于"X/Y/Z plot"脚本，用户
能够迅速捕捉各类功能参数的
实际含义及其视觉效果差异，
也可实现批量操作，能更好地
遴选作品，如图 1-40 所示。

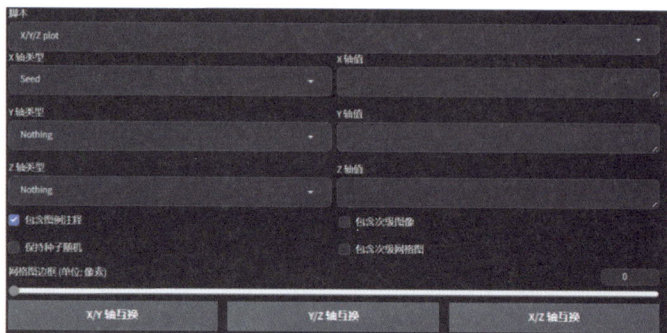

图 1-39

图 1-40

课堂练习——Stable Diffusion 大模型的安装

　　"大模型"又称为"底模"，是 Stable Diffusion 执行生成图片操作的基础模型，下面介绍 Stable Diffusion 大模型的安装方法。

步骤 01 使用搜索引擎搜索并登录 Civitai（C 站）、HuggingFace（抱脸）、"哩布哩布 AI"等资源网站（首次登录可能涉及注册）。其中"哩布哩布 AI"网站为国内网站，较为稳定。

步骤 02 以"哩布哩布 AI"网站为例，可在"哩布哩布 AI"网站首页搜索 ckpt 后缀或 safetensors 后缀的大模型文件，如图 1-41 所示。也可在右侧类型列表中选择 CHECKPOINT 类型，如图 1-42 所示，大模型的格式通常以 ckpt（CHECKPOINT）或 safetensors 为后缀。

图 1-41

步骤 03 进行下载。大模型由于所含信息丰富，其文件较大（通常大于 1.5GB），下载需一定时间。

步骤 04 将下载的大模型剪切后放置在"D(D:)\SD\ Stable Diffusion install\Stable Diffusion\models\Stable-diffusion"路径中，如图 1-43 所示。

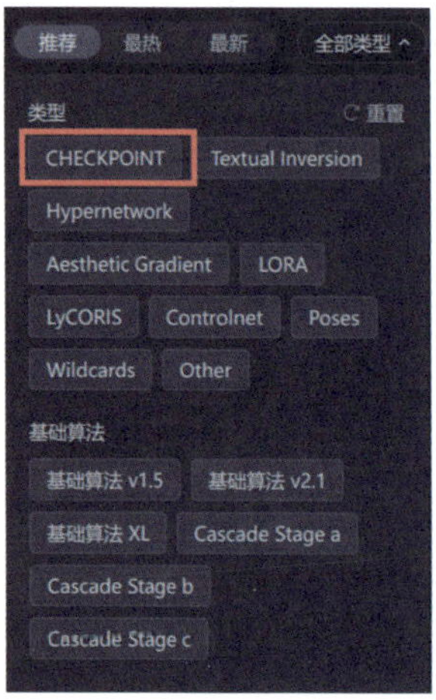

1-42

图 1-43

步骤 05 放置成功后，单击刷新符号，即可单击倒三角图标选取合适的大模型了，如图 1-44 所示。

图 1-44

拓展训练

为了更好地掌握本章所学知识，在此列举几个与本章相关联的拓展案例，以供练习。

1. 使用文生图功能生成图像

使用 Stable Diffusion 文生图功能生成包含以下特定内容的图像：（1）园林景观；（2）水；（3）桥；（4）人物。

操作提示

■ 正向提示词："Water,Small bridge,Garden Landscape,People,Masterpiece, Best quality,Natural photo"。

■ 反向提示词："Bad anatomy,Text, Error,Worst quality, Low quality, Normal quality, Signature, Watermark,Blurry"。

参考效果如图 1-45 所示。

图 1-45

2. 使用图生图功能生成给黑白图片上色

操作提示

■ 导入需要上色的黑白图片"风景 .pgn"或"建筑 .pgn"至图生图功能区，根据想要达到的效果设置图生图参数。

■ 正向提示词：Colorful scenery（多彩的风景）、Brightly colored（色彩鲜艳）、Chinese ancient architecture color matching（中国古代建筑色彩搭配）等。

■ 反向提示词：Black and white（黑白）、Monochrome（单色的）。

■ 重绘幅度 (Denoising)：其值可以设置在 0.72 以下，值越低则越接近原图。

参考效果如图 1-46 至图 1-49 所示。

29

图 1-46

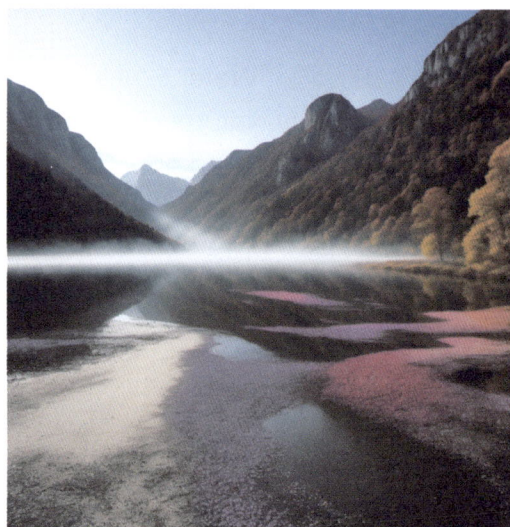

图 1-47

图 1-48

图 1-49

第 2 篇
3ds Max+VRay
系统操作

本篇将系统介绍经典效果图制作软件 3ds Max 和渲染插件 VRay 的基本操作及其在实际工作中的应用技巧，同时融入 AIGC 技术以提升制图效率。

第 2 章

初识 3ds Max 2024

内容导读 📖

在学习 3ds Max 效果图制作之前，需先熟悉其主要功能和应用领域，这样才能为以后的建模、渲染工作打下坚实的基础。本章将对 3ds Max 软件进行初步介绍，让读者对 3ds Max 的功能和应用领域有整体上的认知，并对 3ds Max 的界面构成和基本操作有详细了解。

学习目标 🎓

- ✓ 了解 3ds Max 的应用领域
- ✓ 了解 3ds Max 的基本功能
- ✓ 熟悉 3ds Max 的工作界面
- ✓ 掌握 3ds Max 的初始设置
- ✓ 掌握用户界面的自定义设置

2.1 初识 3ds Max 2024

3D Studio Max 简称 3ds Max，是 Autodesk 公司旗下的三维设计软件。3ds Max 软件名后通常带有数字，如 3ds Max 2024，其中的数字"2024"代表了其版本年份。3ds Max 拥有强大的建模能力、出色的效果表现能力和友好的工作界面，受到众多三维设计工作者的好评与推荐，在市场中占据着重要的地位。

2.1.1 3ds Max 的应用领域

3ds Max 在模型塑造、场景渲染、动画制作方面具有强大能力，其应用领域广泛。其中具有代表性的应用领域如下。

1）建筑与室内设计

3ds Max 可将方案可视化，创建出高真实感的建筑和室内效果图，帮助设计师展示设计方案，从而成为设计师表达创意和评估设计方案的有效工具，促进设计师与客户的沟通与交流，如图 2-1、图 2-2 所示。

图 2-1 | 图 2-2

2）园林景观设计

园林景观设计的平面面积通常较室内设计的面积更大，工作中常用鸟瞰图、局部效果图来呈现方案，表现总体和重点区域的设计效果，如图 2-3、图 2-4 所示。

图 2-3 | 图 2-4

3）工业设计

在工业设计中，3ds Max 可用于产品设计的可视化，进行工业产品造型的展示和操作功能的模拟，帮助设计师推敲产品的外观、演示产品的功能，进行工业产品的设计优化，如图 2-5、图 2-6 所示。

图 2-5　　　　　　　　　　　　　　　　图 2-6

4）影视动画

3ds Max 在影视动画领域可进行角色建模、场景设计，还可以模拟出实景拍摄时无法实现的效果，制作出视觉震撼的特效场景，如图 2-7 所示。

5）游戏开发

3ds Max 的强大建模能力可用于创建游戏环境、角色和道具的三维模型，也可以制作魔幻炫酷的动画特效，提供沉浸式的游戏体验，如图 2-8 所示。

图 2-7　　　　　　　　　　　　　　　　图 2-8

2.1.2　3ds Max 的功能

随着 3ds Max 版本的更新迭代，其功能也在不断扩展和改进。在设计行业中，3ds Max 的主要功能如下。

1）三维建模

3ds Max 提供了强大的三维建模方式，包括基本体建模、样条线建模、复合对象建模、修改器建模、多边形建模、NURBS 建模等。其中，多边形建模是 3ds Max 中颇有特色也是最为常用的建模方式，它允许用户通过添加、删除、移动多边形对象的顶点、边、边界和面来对模型进行精细加工。此外，3ds Max 还提供了强大的修改器，如"挤出""倒角""扭曲"等，可实现更加丰富的建模效果。

2）创建动画

3ds Max 支持关键帧动画制作，能创建平滑的动画效果。用户可以通过在不同时间点设置对象的不同状态来制作动画。

3）效果渲染

3ds Max 支持多种渲染器，包括 VRay、Corona、Arnold 等，这些渲染器能够提供高质量的渲染效果。渲染过程中，用户可以调整全局照明、材质反射、阴影效果、分辨率等参数设置，以达到逼真的视觉效果。同时，用户可以根据需要选择合适的渲染参数和引擎，以平衡渲染质量和速度，更好地满足工作需要。

4）效果处理

3ds Max 凭借不同类型的插件还可以实现部分后期处理功能，如进行色彩校正、制作通道图、调整灯光控制等。用户可以在 3ds Max 内部直接调整渲染图的输出效果，也可以先将其导出，再利用外部图像处理软件（如 Photoshop）进行后期处理，进一步提升视觉效果，使输出作品更符合工作要求。

知识拓展 **三维设计的软件有哪些，该如何选择**

在建筑和室内设计领域，拥有三维设计能力的软件和平台较多，行业市场上常见的有 Revit、3ds Max、SketchUp、CAD、酷家乐等。不同的三维软件在优势特点、使用逻辑、适用领域、制作质量、学习难度上有较大差异。例如，Revit 在建筑数字化、信息化和不同建筑专业协同设计方面有优势；SketchUp 在推敲设计方案上有优势；酷家乐在小空间效果呈现效率上有优势；3ds Max 在建模能力、渲染效果质量、动画制作方面有优势。

值得注意的是，上述软件和平台都具有不同程度的建模能力，但并不是可以彼此替代的关系。在工作中，需要经常进行不同软件间的协同操作，因此选用什么样的三维设计软件需要用户根据实际工作需求进行选择。

2.1.3　3ds Max 2024 的工作界面

3ds Max 2024 的工作界面主要包括标题栏、菜单栏、工具栏、功能区、场景资源管理器、视口工作区、信息显示区与状态栏、动画控件、视图控制区、命令面板等区域。

1. 启动 3ds Max 2024

双击 3ds Max 2024 应用程序图标后，即可启动程序，如图 2-9、图 2-10 所示。待程序运行完毕，系统会进入 3ds Max 2024 的欢迎界面，这是软件初始界面，如图 2-11 所示。

图 2-9

图 2-10

图 2-11

2. 3ds Max 2024 的工作界面

在关闭欢迎界面后，用户即可来到工作界面。3ds Max 2024 工作界面的主要功能区域如图 2-12 所示。

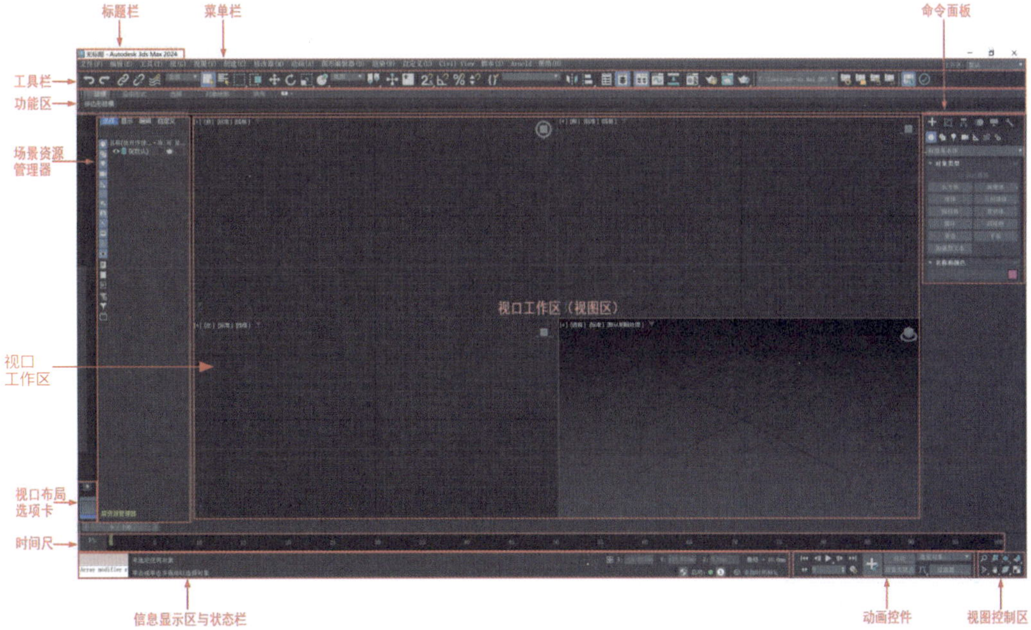

图 2-11

1）标题栏

标题栏位于 3ds Max 窗口的顶部，显示了应用程序的名称、版本信息及当前打开的场景文件名。它为用户提供了关于当前工作环境的基本认知，并包含了最小化、最大化和关闭窗口的控制按钮。

2）菜单栏

菜单栏位于标题栏下方，是 3ds Max 的主要导航中心。通过菜单栏，能够快速找到所需功能。菜单栏包含了"文件""编辑""工具""组""视图""创建""修改器""动画""渲染"等多个菜单项。每个菜单下都有一系列的命令和子菜单，用于执行各种建模、动画和渲染的工作任务。用户单击菜单名称即可打开菜单。

3）工具栏

工具栏提供了快速访问常用工具的按钮，如撤销、重做、选择、移动、旋转、缩放、捕捉、镜像等。用户可以根据自己的需求自定义工具栏，以提高工作效率。

知识拓展　**如何找到更多隐藏工具**

在 3ds Max 中，系统默认隐藏了一些使用频次低的工具，也会因用户的操作使得有些工具或面板被隐藏。

若需重新启用这些工具或面板，可右击工具栏的空白处，系统会弹出调用工具的选项。这时用户只需单击想要调出的工具名称即可调用成功，如图 2-13 所示。

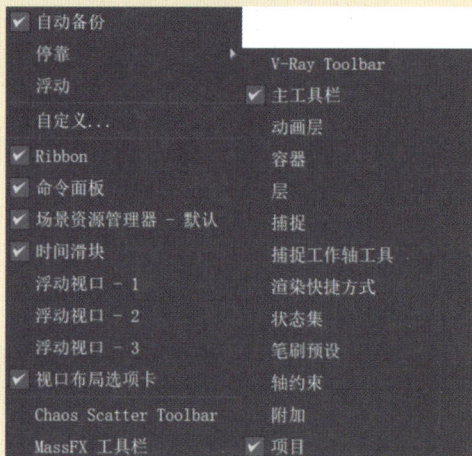

图 2-13

4）功能区

3ds Max 的功能区主要用于多边形建模，其界面如图 2-14 所示。功能区可以根据用户的偏好进行定制，以直观展示相关的工具。用户可以单击工具栏中的"显示功能区"按钮，来调用或隐藏功能区。

图 2-14

5）场景资源管理器

场景资源管理器位于 3ds Max 界面的左侧，它提供了一个树状视图，用于管理和组织场景中的所有对象和元素。用户可以通过场景资源管理器快速选择、查看和修改场景中的对象属性，如图 2-15 所示。

6）视口工作区

3ds Max 界面中面积最大的区域就是视口工作区，这里也是用户查看和编辑三维对象的主要区域。3ds Max 允许用户配置多个视口，从不同的角度和模式查看场景。同时，用户还可以自定义视口布局。系统默认情况下的视口包括 4 个视图，分别是顶视图（快捷键为 T）、前视图（快捷键为 F）、左视图（快捷键为 L）、透视图（快捷键为 P），其界面如图 2-16 所示。

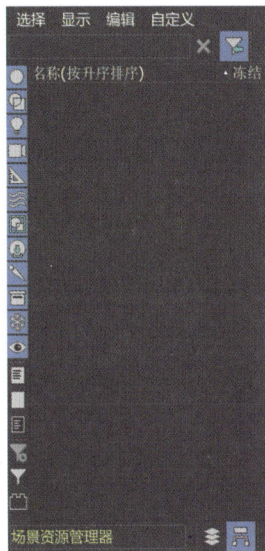

图 2-15

图 2-16

7）信息显示区与状态栏

信息显示区与状态栏位于 3ds Max 界面的底部，提供了关于当前操作的反馈信息，如坐标、选择的对象数量、系统状态等。此外，状态栏还可以显示提示信息，帮助用户了解正在执行或已完成的操作，如图 2-17 所示。

图 2-17

8）动画控件

动画控件位于 3ds Max 界面下方，它包括时间配置、关键帧编辑器、动画播放器等，可用于创建和管理动画。这些工具使得用户能够调整和控制对象的运动，从而完成动画的编辑操作，如图 2-18 所示。

9）视图控制区

视图控制区为用户提供了用于导航视口的工具，可以用来缩放、平移、旋转视图，以便从不同角度查看和编辑场景对象，如图 2-19 所示。

10）命令面板

命令面板位于 3ds Max 界面右侧，集成了 3ds Max 中的大多数功能与参数控制命令，在工作中的使用频率很高，通常需要学习者投入较多时间进行深入学习。命令面板由"创建""修改""层次""运动""显示"和"实用程序"6 个子面板组成，单击不同的子面板按钮即可进行切换显示，但每次只有一个子面板可见，如图 2-20 所示。

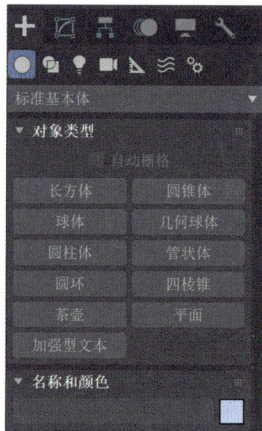

图 2-18

图 2-19

图 2-20

2.2 效果图制作的流程与方法

效果图制作是指通过各种技术手段和工作方法实现可视化表现图纸工作成果的过程。随着软件版本的迭代和技术的发展，效果图制作的方法也不断更新和变化，整体上可以分为两大类型：第一种为传统效果图制作方法，第二种为 AIGC 参与下的效果图制作方法。

2.2.1 传统效果图制作的工作流程

传统效果图制作方法是以经典的建模、设计软件（如 3ds Max、SketchUp）为主导工具制作效果图。以 3ds Max 软件为例，传统效果图制作的流程主要包括设计、建模、材质加工、渲染输出、后期这几个阶段。

- 设计阶段：用户需要明确效果图的最终目标和设计理念，其中包括对设计风格、色彩、布局等进行初步规划。同时，需要搜集相关的参考资料，如照片、草图或模型等，这些资料将为下一步的建模工作提供重要的参考和指导。
- 建模阶段：在明确效果图的最终目标和设计理念后，可以展开建模工作。建模是将设计概念转化为三维模型的过程。建模时，要确保模型尺寸准确、建模方法合适、精细程度达到要求，这些是提升模型整体质量的关键。良好的模型质量有利于后期材质加工、渲染输出阶段的工作，也方便团队成员协同编辑和加工。
- 材质加工阶段：材质加工是为模型添加表面特性的过程，主要包括颜色、纹理、光泽、透明度等。在 3ds Max 中，需要为模型选择合适的材质，并进行细致的调整，以模拟真实世界物品的材质效果。
- 渲染输出阶段：渲染是将三维场景输出为图像的过程。在 3ds Max 中，需要设置摄像机视角，调整灯光和渲染参数，包括光强、光照角度、阴影、反射、渲染引擎、出图尺寸等参数，以达到理想的视觉效果。
- 后期阶段：后期处理是效果图制作的最后阶段，可以使用 3ds Max 插件所带的参数模块调节或直接导出图像，再用 Photoshop 等外部软件进行处理。在这个阶段，需要对渲染出的图像进行优化和调整，如色彩校正、光影调整、细节增强等，以提升效果图的整体质量和视觉效果。

2.2.2 AIGC 参与下的效果图制作流程

AIGC 参与下的工作流程比较灵活，没有固定不变的工作模式。在项目的前期、中期、后期阶段，AIGC 都可以参与介入，为传统效果图制作赋能。合理使用 AIGC 技术，可以产生较好的辅助设计效果。

- 项目前期：项目的立意、设计阶段，AIGC 大模型扩散算法拥有推演和创新的能力，可为项目前期提供有价值的参考。
- 项目中期：项目中期主要涉及项目的精细加工。由于 3ds Max 的材质、渲染工作都会消耗较多的时间成本，AIGC 技术通过大模型训练，有效掌握材质、灯光的艺术表现后，可为效果的深化提效。
- 项目后期：AIGC 技术可以处理多种传统效果图后期需求。

知识拓展 **在传统软件和 AIGC 工具之间，设计师该如何选择**

从市场情况来看，无论是以 3ds Max 为代表的传统经典三维设计软件，还是新兴的生成式人工智能 AIGC 技术，两者在效果图制作领域都有自己的优势与相对不足。

（1）3ds Max 在专业性、定制化和渲染能力方面表现出色，并拥有众多的工具和插件，允许用户进行高度定制化的设计和渲染。但设计师在创建 3ds Max 模型时，通常需要经过概念草图绘制、3D 原型制作、模型细化等多个步骤，这个过程复杂度较高，也需要花费相当长的工作时间。

（2）生成式人工智能 AIGC 工具的操作相对简便，能够在极短时间内生成大量指定类型的作品，在提高效率、适应性和灵活性方面具有明显优势。当然，受限于目前的 AIGC 技术发展阶段的瓶颈，其不足也很明显，如在控制能力和可修改性方面较弱，仅仅使用 AIGC 工具制作高质量的效果图难度比较高。

总体而言，3ds Max 和 AIGC 工具在制作效果图上，各有优势和局限，用户可以根据具体的项目特点和客户需求进行选择。当然，也可考虑将两者进行结合使用，通过 3ds Max 的基础建模去引导 AIGC 生成效果图也是一种比较理想的制作方式，可有效实现两者在效果图制作方面的优势互补。

2.3 3ds Max2024 操作基础

3ds Max 提供了可以自由定制的常规设置，能满足用户的习惯和个性化的要求。在项目开展前，对系统的常规选项进行合理设置，有助于提升软件的使用效率。

2.3.1 系统的基础设置

1. 系统的常规设置

步骤 01 选择"自定义"|"首选项"命令，系统将弹出"首选项设置"对话框。切换至"常规"选项卡，在"场景撤销"选项组中设置合理的"级别"数值，如图 2-21、图 2-22 所示。

步骤 02 切换至"文件"选项卡，在"自动备份"选项组中勾选"启用"复选框，并设置合理的"备份文件数""备份间隔"参数，单击"确定"按钮，即可完成设置，如图 2-23 所示。

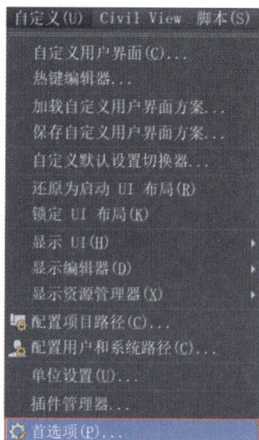

自定义(U) Civil View 脚本(S)
  自定义用户界面(C)...
  热键编辑器...
  加载自定义用户界面方案...
  保存自定义用户界面方案...
  自定义默认设置切换器...
  还原为启动 UI 布局(R)
  锁定 UI 布局(K)
  显示 UI(H)
  显示编辑器(D)
  显示资源管理器(X)
  配置项目路径(C)...
  配置用户和系统路径(C)...
  单位设置(U)...
  插件管理器...
  首选项(P)...

图 2-21

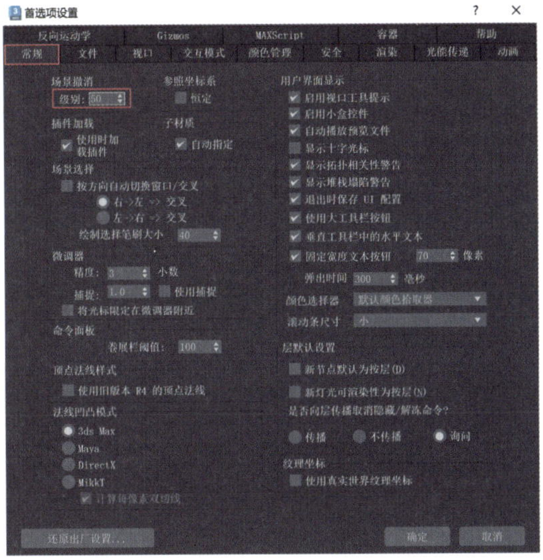

图 2-22

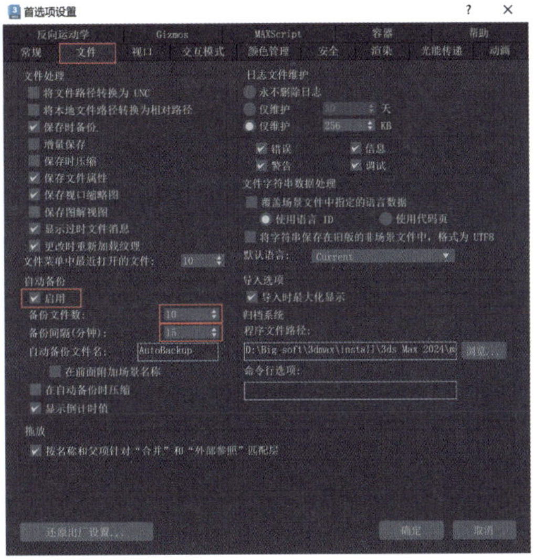

图 2-23

【温馨提示】

在对系统的常规设置数值进行调整时，要考虑到实际工作需要，数值不宜过大或过小，因为过大容易导致系统负荷增加，造成系统卡顿，过小则易导致无法满足工作需求。建议"场景撤销"设置为 20 ~ 50，"备份文件数"设置为 3 ~ 6，"备份间隔"设置为 5 ~ 15。

知识拓展　**自定义快捷键**

在 3ds Max 2024 中，用户可以根据使用习惯定制自己专属的快捷键。设置方法如下：选择"自定义"|"热键编辑器"命令，如图 2-24 所示；系统将弹出"热键编辑器"对话框，如图 2-25 所示。

在左侧的列表框中选择要设置的快捷命令，接着在右侧的"热键"输入区输入新的热键指令，如有冲突可选择"移除"命令，撤除原有热键指令的设置。指令输入完毕，单击"指定"，于界面右上方单击"保存"图标，如图 2-26 所示。此时，系统会弹出的"将热键集另存为"对话框，如图 2-27 所示。在此对话框中进行命名和保存，即可成功自定义快捷键。

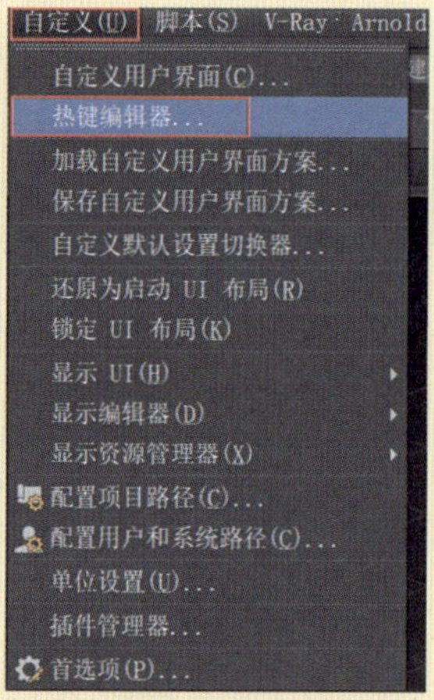

图 2-24

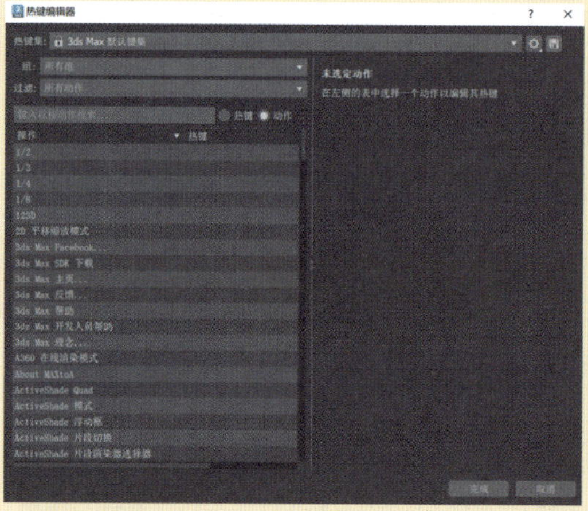

图 2-25

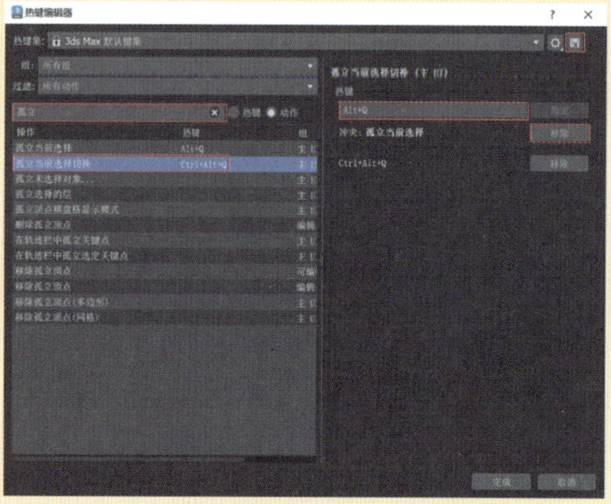

图 2-26

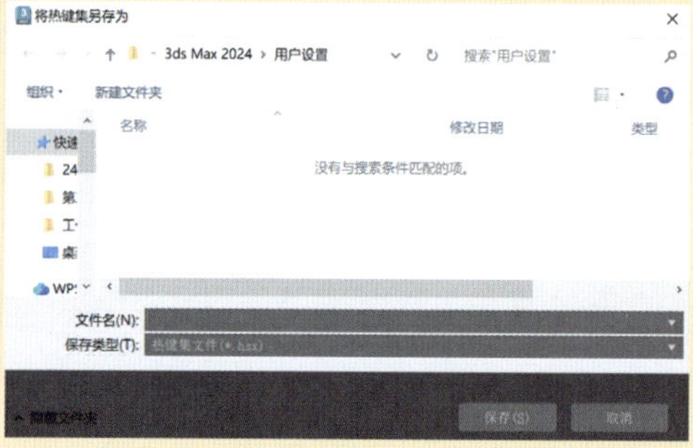

图 2-27

2.3.2　系统单位的设置

在 3ds Max 2024 中，系统单位的设置对确保模型的标准和团队协作的顺利至关重要。以下是在 3ds Max 2024 中设置系统单位的步骤。

步骤 01 启动 3ds Max 2024，执行"自定义"│"单位设置"命令，如图 2-28 所示。此时，系统会弹出"单位设置"对话框，如图 2-29 所示。

步骤 02 在弹出的"单位设置"对话框中，单击"显示单位比例"选项组中的"公制"按钮，并单击其右侧下三角按钮▼，在弹出的下拉列表中选择合适的单位，如"毫米"，如图 2-30 所示。

步骤 03 单击"系统单位设置"按钮，弹出"系统单位设置"对话框，用户在这里可以选择不同的单位类型，如"米""厘米""毫米""英寸"等，这里的单位选择需匹配项目需求。在室内设计工作中，通常选择"毫米"作为标准单位，其设置如图2-31所示。

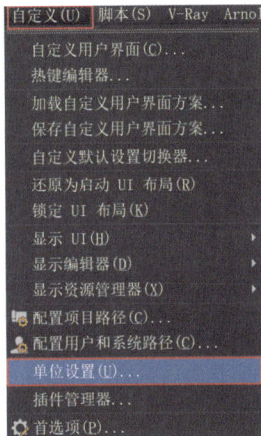

图 2-28

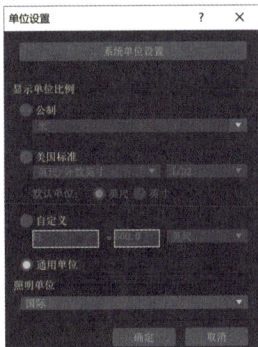

图 2-29

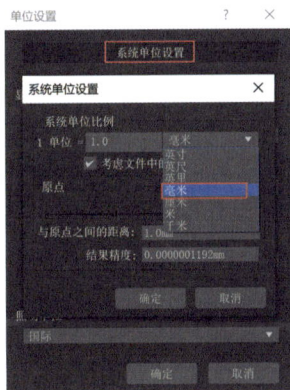

图 2-30

图 2-31

步骤 04 确认并应用设置。设置完毕后，单击"确定"按钮，这时系统将应用新的单位。

通过以上步骤，用户可以为 3ds Max 2024 设置合适的系统单位，确保室内设计项目从一开始就具有精确的尺寸和比例。正确的单位设置是制作高质量效果图的前提。

2.3.3 文件的基本操作

在使用 3ds Max 进行设计制作前，需要掌握文件的基本操作。下面介绍 3ds Max 2024 中文件的基本操作。

1. 新建文件

用户在启动 3ds Max 2024 后，按 Ctrl+N 组合键，在弹出的"新建场景"对话框中单击"确定"按钮，即可新建一个场景，如图 2-32 所示。

用户也可以执行"文件"｜"新建"｜"新建全部"命令进行场景文件的新建，如图 2-33 所示。

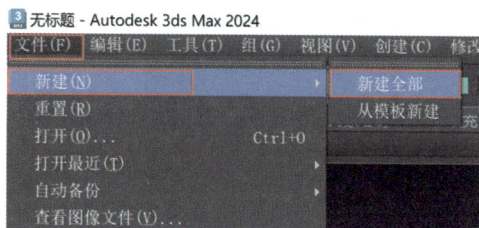

图 2-32   图 2-33

2. 打开文件

用户执行"文件"菜单栏｜"打开"命令（快捷键为 Ctrl+O），如图 2-34 所示，在系统弹出的"打开文件"对话框中选择希望打开的文件，单击"打开"命令，即可打开文件，如图 2-35 所示。此外，用户还可以打开场景文件的储存目录，直接双击对应的 3ds Max 文件图标，来实现文件打开的效果，如图 2-36 所示。

图 2-34

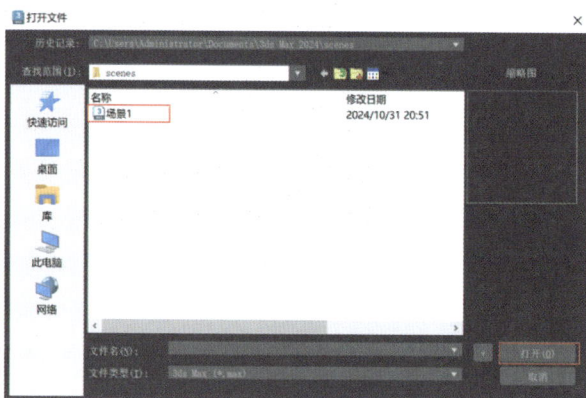

图 2-35

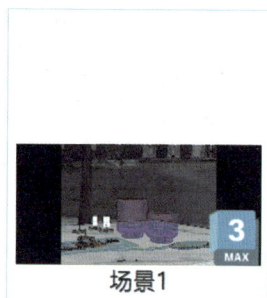

图 2-36

3. 保存文件

在使用 3ds Max 进行效果图制作的过程中，为了防止软件崩溃等意外情况的发生，常常需要及时对文件进行保存。

用户执行"文件"｜"保存"命令（快捷键为 Ctrl+S），或执行"文件"｜"另存为"命令（快捷键 Shift+Ctrl+S），系统会弹出"文件另存为"对话框。在此对话框中设置文件的保存位置、文件名、保存类型等信息，单击"保存"按钮，即可完成文件的保存操作，如图 2-37、图 2-38 所示。

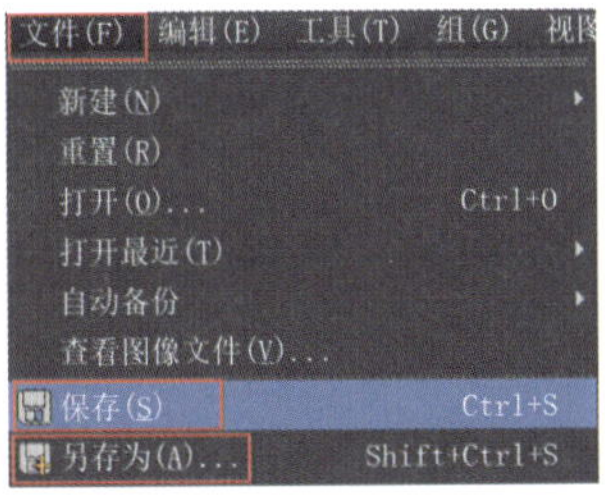

图 2-37

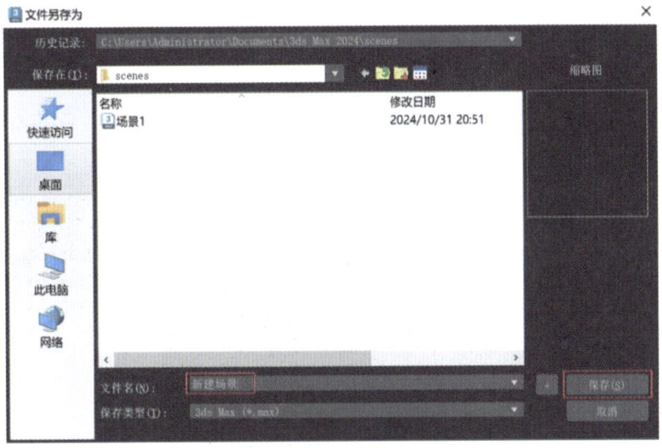

图 2-38

知识拓展　**文件的归档**

用户如果想在其他电脑中进行 3ds Max 文件的协作，可以将场景文件进行归档。归档完成后，场景文件所应用的贴图材质信息就可以有效地保存下来，方便再次进行调用、加工。

文件的归档操作为：执行"文件"｜"归档"命令，如图 2-39 所示。在系统弹出的"文件归档"对话框中设置归档文件相关信息，并单击"保存"按钮，如图 2-40 所示，即可完成文件归档的操作。

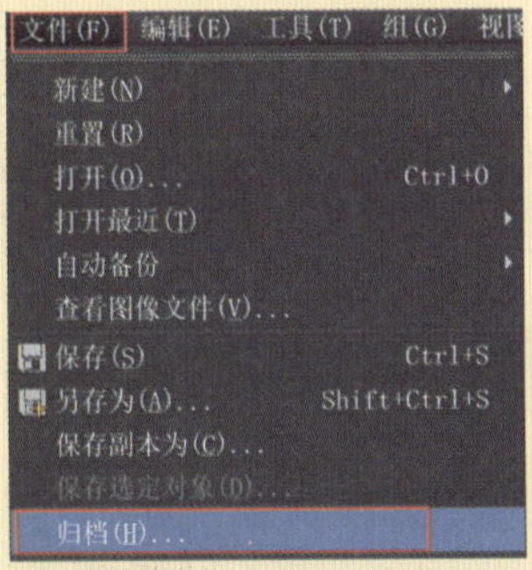

图 2-39

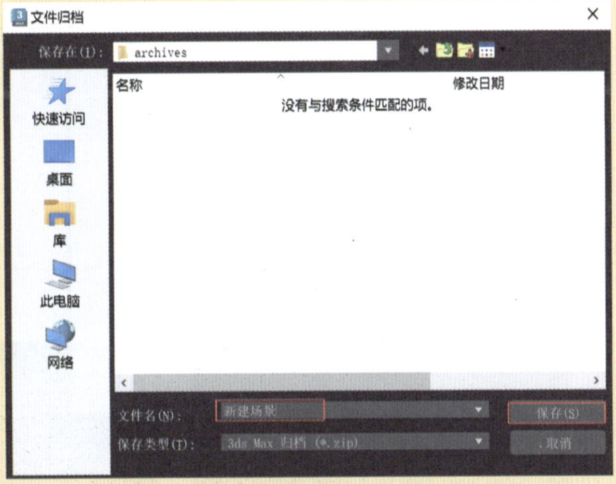

图 2-40

4. 导入、导出文件

导入、导出文件操作允许用户导入或导出不同于常规 3ds Max 文件（即".max"后缀类型）的文件，这样就可以使用相应标准格式进行软件间的协同工作，提升工作效率。

　　用户进行导入操作时，可以执行"文件"｜"导入"｜"导入"命令，系统会弹出"选择要导入的文件"对话框。用户可以在此对话框中选择需要导入的文件及其类型，然后单击"打开"按钮，即可完成文件的导入操作，如图 2-41、图 2-42 所示。

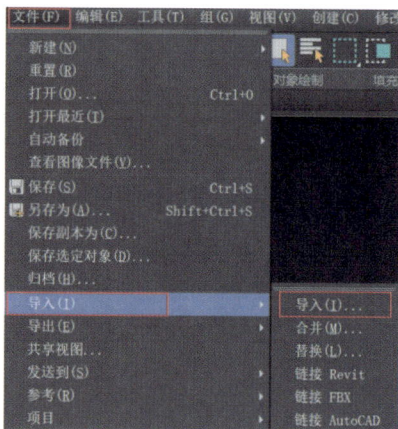

图 2-41

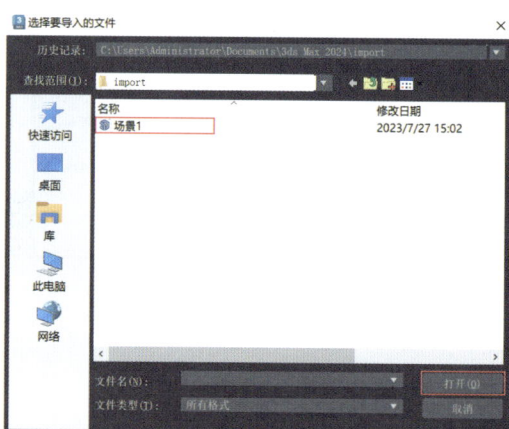

图 2-42

　　用户进行导出操作时，可以执行"文件"｜"导出"｜"导出"命令，系统会弹出"选择要导出的文件"对话框。用户可以在此对话框中设置需要导出的文件及其类型，然后单击"保存"按钮，即可完成文件的导出操作，如图 2-43、图 2-44 所示。

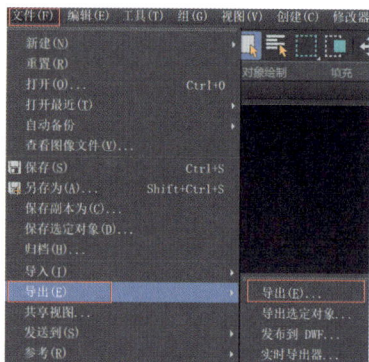

图 2-43

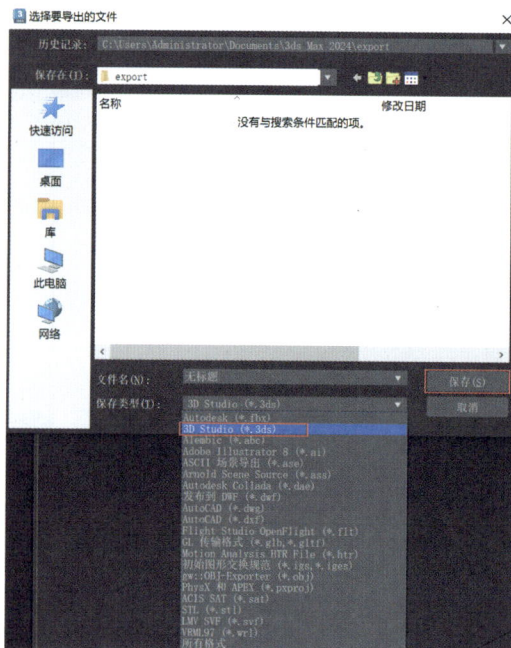

图 2-44

5. 重置场景

用户如果想清空当前场景文件的模型对象，回到初始模型空间的状态，可以使用重置场景功能。

执行"文件"｜"重置"命令，系统会弹出提示对话框。用户可以根据提示执行场景保存，也可不进行保存直接重置场景，如图 2-45、图 2-46 所示。

图 2-45   图 2-46

2.3.4 视图的基本操作

视图的基本操作是 3ds Max 进行三维建模的基础，其中视图区是用户的主要工作区域。系统默认将视图区划分为四个等分的界面，用户可以通过进行切换显示效果、切换不同视图等一系列基本操作来提升工作效率。

1. 视图的切换

3ds Max 2024 默认将视图区分为四个视图：顶视图（快捷键为 T）、前视图（快捷键为 F）、左视图（快捷键为 L）、透视图（快捷键为 P）。用户单击当前视图区任意位置后，在键盘上按对应的视图快捷键，即可将当前视图切换为对应视图。

此外，用户还可以单击视图左上角的视图图标[顶]，在弹出的快捷菜单中选择对应的视图选项切换至指定视图，如图 2-47 所示。

图 2-47

【温馨提示】

在学习 3ds Max 2024 的过程中，对视图空间的理解非常重要。用户需要具备一定的空间想象能力才可以更有针对性地操作视图场景中的对象。此外，在一般情况下，受视觉上的影响，不建议在透视图直接进行物体的创建和位置的调整。

2. 视口布局的调整

系统默认的视口布局是四等分的视图，可以根据工作的需要改变视口布局。用户可以自由拖动各视图之间的边框，分配各视图区所占工作区界面的比例，如图 2-48 所示。

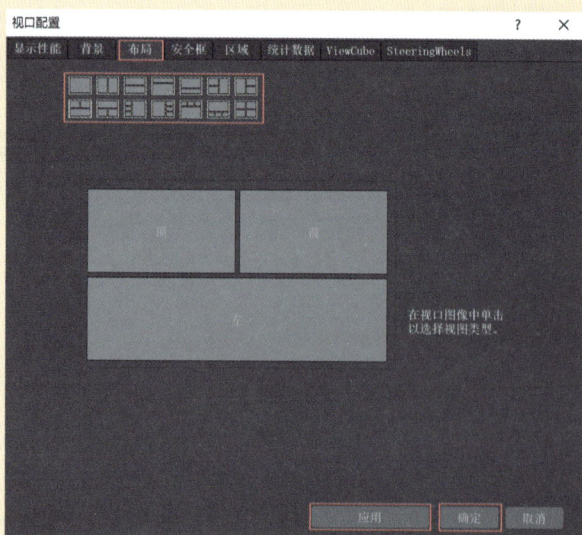

图 2-48

知识拓展　　**快速调整视口布局**

执行"视图"｜"视口配置"命令，在"布局"选项卡中选择需要的预设布局类型，单击"应用"和"确定"按钮，如图 2-49、图 2-50 所示，系统即可快速调整视口布局，如图 2-51 所示。

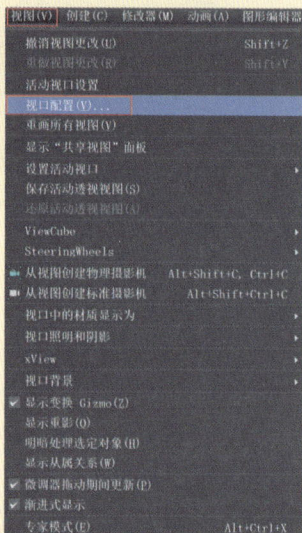

图 2-49　　　　　　　　　　　　　　　　　图 2-50

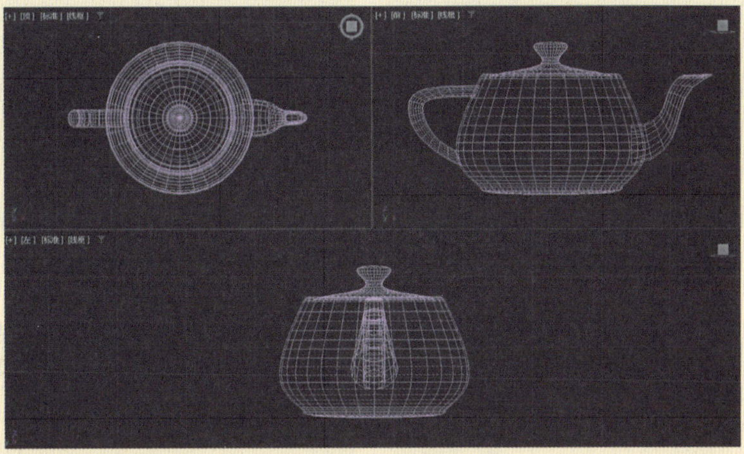

图 2-51

3. 最大化显示视图

为了更详细地查看视图中的模型，在 3ds Max 中可以将视图最大化显示，其快捷键是 Alt+W。按该快捷键后，系统可将当前激活的视图最大化呈现在工作区界面，如图 2-52 所示。

除了使用快捷键外，单击视口导航控件中的"最大化视口切换"图标，也可以实现上述效果。

图 2-52

【温馨提示】

在 3ds Max 中，很多操作命令都既有工具按钮又有快捷键。从提升工作效率的角度而言，建议用户优先使用快捷键。

4. 视图的常规操作

在工作中，为了查看和编辑场景对象，经常要对视图进行平移、旋转和缩放操作，这也是视图的常规操作。

- 平移视图：按住鼠标中键，往需要平移的方向拖拽鼠标，即可平移视图，如图 2-53 至图 2-56 所示。

图 2-53

图 2-54

图 2-55

图 2-56

■ 旋转视图：按住键盘上的 Alt 键并按住鼠标中键移动鼠标，可以旋转视图，从不同方位对场景对象进行观察。利用旋转视图操作，可观察场景对象的底部、顶部等不同方位的效果，如图 2-57、图 2-58 所示。

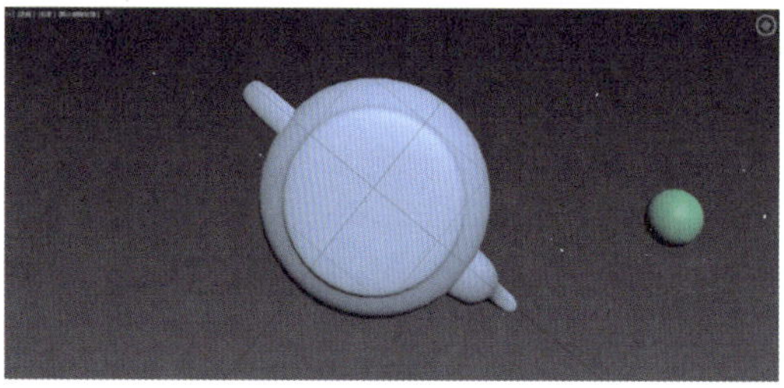

图 2-57

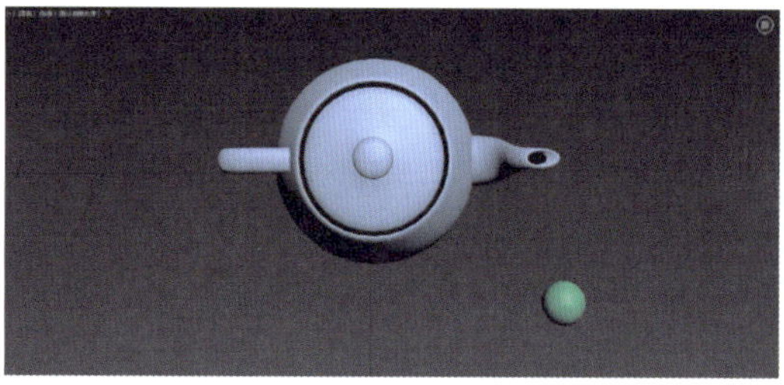

图 2-58

■ 缩放视图：将鼠标光标悬停在视图窗口内部，向上滚动鼠标滚轮，将放大视图，使用户能够看到更小的场景范围，但细节更清晰；向下滚动鼠标滚轮，将缩小视图，使用户能够看到更大的场景范围，但细节难以观察完全，如图 2-59、图 2-60 所示。

图 2-59

图 2-60

【温馨提示】

在工作中，缩放视图通常与其他视图操作，如与平移、旋转等操作结合使用，以实现最佳的观察效果。

知识拓展 **视口盒的显示与隐藏**

3ds Max 2024 在每个视图的右上角都为用户提供了视口盒，如图 2-61 所示，以帮助用户更直观地调整视图。用户单击对应的视图面或旋转视口盒，即可调整视图的观察方向。

当用户非常熟悉视图操作时，也可以关闭该视口盒，以获得清晰、简洁的视图观察界面。关闭视口盒操作方法为：执行"视图"｜"ViewCube"｜"显示 ViewCube"命令，将该选项的勾选状态取消，即可关闭视口盒，如图 2-62 所示。如需再次开启视口盒，方法与关闭类似，只需重新勾选该选项即可。

图 2-61

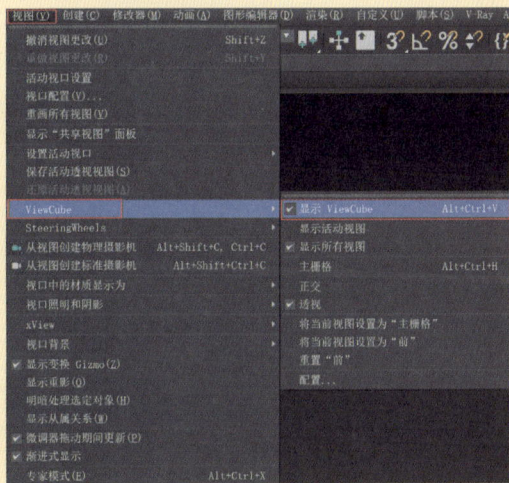

图 2-62

2.3.5 场景对象的设置与管理

在学习 3ds Max 建模的阶段，除了熟悉创建、选择、修改工具外，也需要掌握对象的属性设置和管理工具，这也是工作中常见的实用操作。

1. 模型对象的显示

在 3ds Max 2024 中，系统默认的顶视图、前视图、左视图以线框的方式显示，透视图则以边面的方式显示。按 F3 键，即可切换线框或默认明暗处理模式，如图 2-63、

图 2-64 所示。按 F4 键，即可切换边面或默认明暗处理模式，边面模式的执行效果如图 2-65 所示。

图 2-63

图 2-64

图 2-65

【温馨提示】

　　有些笔记本电脑由于系统命令的不同，在按 F3 键、F4 键时没有切换显示模式。此时同时按住 Fn 键和 F3/F4 键，系统即可正常调用显示模式切换的命令。

2. 对象属性

　　利用"选择工具"任意选定一个场景对象后右击鼠标，在弹出的快捷菜单中选择"对象属性"命令，系统会弹出"对象属性"对话框。在此对话框中就可以根据需求进行对象属性的修改和相关参数的设置，如图 2-66、图 2-67 所示。

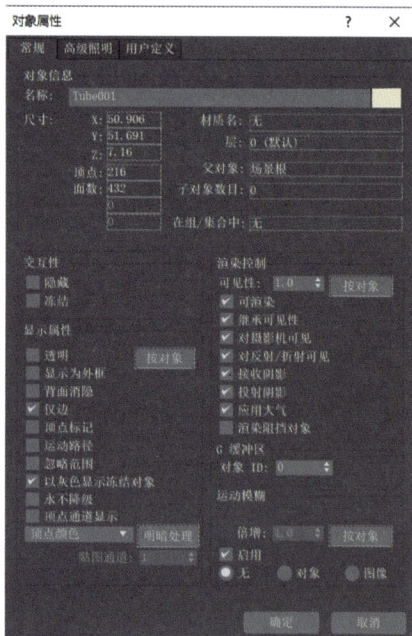

图 2-66

图 2-67

3. 对象的成组与解组

3ds Max 的"组"功能主要包含成组和解组两种操作。

■ 成组：成组操作主要用到 3ds Max 的"组"功能，该功能可将多个对象组合成一个组，这样可以将它们视为一个单一的对象进行操作，如对其进行整体的选择和移动。用户可以先选择两个或多个对象，接着执行"组"｜"组"命令，在弹出的"组"对话框中设置组名，完成组的创建，如图 2-68、图 2-69 所示。

■ 解组：如果需要将组内的对象拆分，可以使用"解组"命令。用户可以先选择已成组的对象，接着执行"组"｜"解组"命令，如图 2-70 所示，使组内的所有对象恢复为未成组状态。

图 2-68　　　　　　　　　图 2-69　　　　　　　　　图 2-70

课堂练习——定制自己的专属快捷键

在 3ds Max 2024 中，快捷键也被称为热键，用户可以依据自己的习惯定制自己专属的热键指令，合理定制专属快捷键可以有效提高制图效率。

步骤 01 启动 3ds Max 2024，选择"自定义"｜"热键编辑器"命令，系统将弹出"热键编辑器"对话框，如图 2-71、图 2-72 所示。

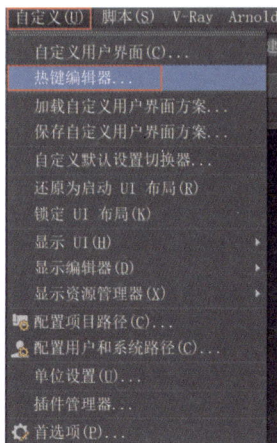

图 2-71

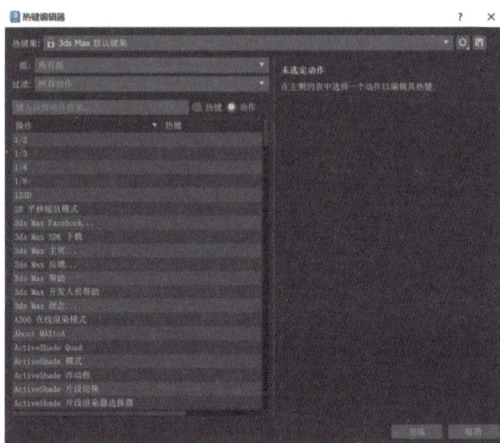

图 2-72

步骤 02 在左侧的列表框中选择需要设置的热键命令，也可以直接在查找栏输入中文实现快速定位。比如，当用户输入"组"时，系统会立即定位到"组"命令，如图 2-73 所示。

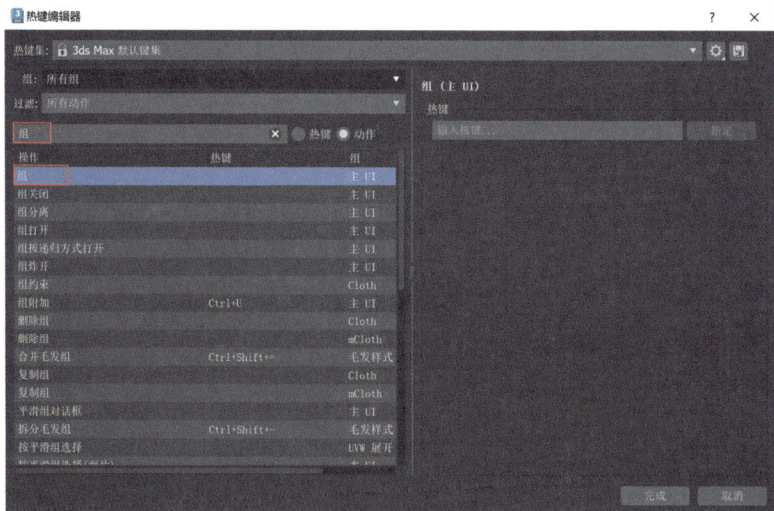

图 2-73

步骤 03 在右侧的"热键"输入区输入新的热键指令 Ctrl+G，如有冲突可按系统提示单击"移除"命令，撤除原有冲突的热键指令设置再进行设置。

步骤 04 热键指令输入完毕，单击右侧"指定"按钮，即可成功指定，如图 2-74 所示。

图 2-74

步骤 05 如需将热键设置保存为文件，可单击界面右上方的"保存"图标 ，此时，系统会弹出"将热键集另存为"对话框，如图 2-75 所示。在此对话框中进行热键文件名命名和保存，即可成功将热键设置保存为文件。

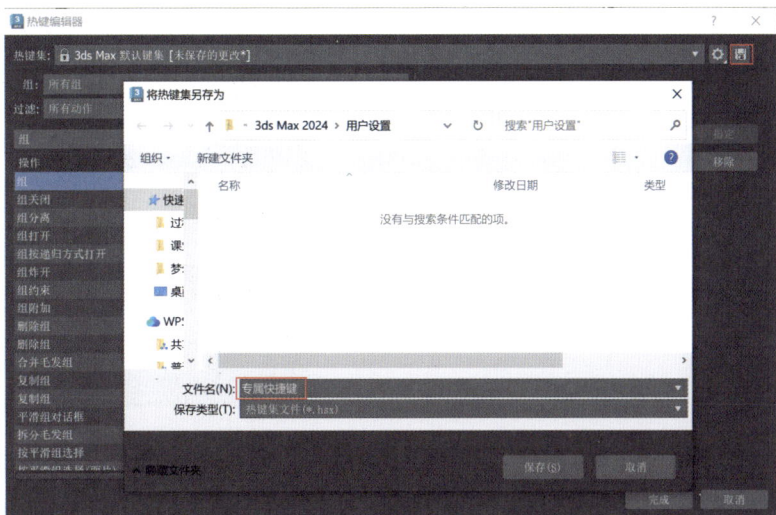

图 2-75

步骤 06 当用户再次调出"热键编辑器"对话框时，在"热键集"下拉列表中可看见之前所设置的热键文件，直接单击即可调用，如图 2-76 所示。

图 2-76

步骤 07 调用自己设置的热键文件后，当选择两个以上物体，按 Ctrl+G 组合键，系统弹出"组"对话框时，如图 2-77 所示，说明此时热键设置成功并起了作用。

图 2-77

▶ 拓展训练

为了更好地掌握本章所学知识，在此列举几个与本章相关联的拓展案例，以供练习。

1. 观察并找出魔方颜色

打开如图 2-78 所示的魔方案例模型，使用 3ds Max 2024 的视图操作工具观察魔方模型，找一找该魔方的上、下、左、右、前、后 6 个面分别有几种颜色。

操作提示

- 可使用平移、缩放、旋转视图命令进行观察。
- 可单击视图界面左上角的视图图标顶，选择对应的视图进行观察。
- 可执行"视图"|"ViewCube"|"显示 ViewCube"命令，借助视口盒进行观察。

图 2-78

2. 导入并查看现代花瓶 3ds 文件

用 3ds Max 2024 打开如图 2-79 所示的现代花瓶案例模型文件，并在 3ds Max 2024 中设置"默认明暗处理"显示效果。

操作提示

- 执行"文件"|"导入"|"导入"命令，可在 3ds Max 2024 中导入外部文件类型。
- 按 F3 键与 F4 键可切换显示模式。

参考效果如图 2-80 所示。

图 2-79

图 2-80

3ds Max 建模

内容导读 📖

　　本章主要介绍 3ds Max 2024 的通用建模技术，包括基本体建模、样条线建模、复合对象建模、修改器建模和多边形建模。其中，基本体建模、样条线建模、复合对象建模可以视为基础建模，修改器建模、多边形建模属于有 3ds Max 特色的高级建模。

学习目标 🎓

- ∨ 熟悉 3ds Max 建模方法的类型
- ∨ 掌握基本体建模的方法
- ∨ 掌握样条线建模的方法
- ∨ 掌握复合对象建模的方法
- ∨ 掌握修改器建模的方法
- ∨ 掌握多边形建模的方法

3.1 基本体建模

基本体建模是 3ds Max 三维建模的基础，也是学习 3ds Max 三维建模的第一步。其中，基本体又分为标准基本体和扩展基本体两大类。

3.1.1 标准基本体建模

3ds Max 中的标准基本体是工作和生活中较为常见、使用频次较高的基本三维体，包括长方体、圆锥体、球体、几何球体、圆柱体等 11 种几何体，如图 3-1 所示。

用户可以直接选择相应的命令来进行绘制几何体，同时也可以在创建完标准基本体后，切换至"修改"面板来对标准基本体的参数进行修改和细化。

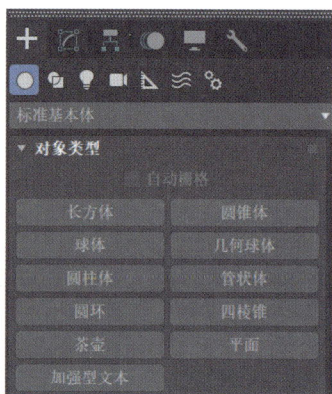

1. 长方体的创建

标准基本体长方体的创建方法如下。

步骤 01 进入"创建"面板，接着单击"几何体"|"标准基本体"|"长方体"按钮，如图 3-2 所示。

图 3-1

步骤 02 在顶视图中单击并拖动鼠标，这样即可限定长方体的长度、宽度，从而创建出底面为矩形的形状，如图 3-3 所示。

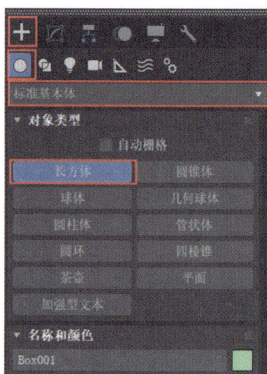

图 3-2

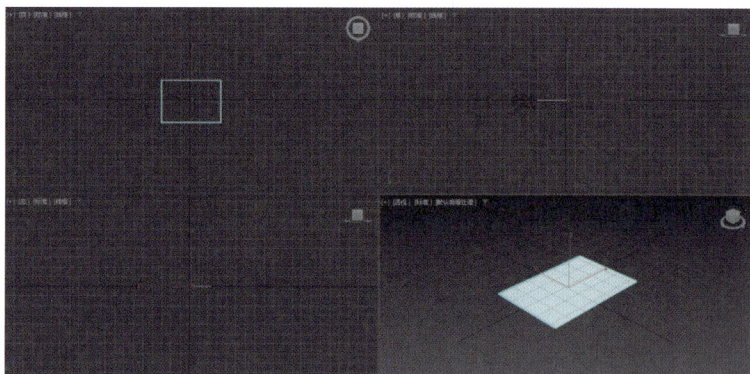

图 3-3

步骤 03 底面绘制完成后，单击鼠标左键，向上移动鼠标即可限定长方体的高度。待鼠标移动到适合的位置后，再次单击，即可确定高度，如图 3-4 所示。

步骤 04 在视图界面右击鼠标，可以退出长方体的创建模式。

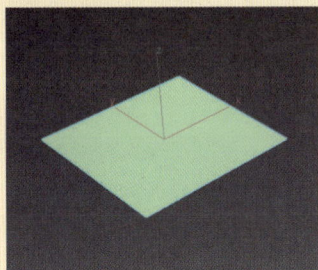

图 3-4

【温馨提示】

　　若想删除创建的对象，在选中对象的状态下按 Delete 键或选择"编辑"|"删除"命令即可。

知识拓展　　**创建正方体**

　　在创建长方体时，按住键盘上的 Ctrl 键可以创建出底面为正方形的长方体，如图 3-5 所示。同样地，在"创建方法"卷展栏中选择"立方体"选项，如图 3-6 所示，这时在视图中执行创建操作就可以直接创建正方体模型，如图 3-7 所示。

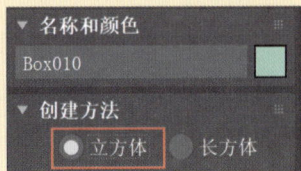

| 图 3-5 | 图 3-6 | 图 3-7 |

2. 长方体的参数调节

　　创建长方体后，可以通过"修改"面板的"参数"卷展栏调整其参数，以精确控制长方体的形状和尺寸，如图 3-8 所示。

- "长度"/"宽度"/"高度"：用来确定长方体的长、宽、高数值。
- "长度分段"/"宽度分段"/"高度分段"：用来划分长方体的长、宽、高的段数。段数越多，模型表面会被划分得越精细，但同时也会增加系统的计算负荷和模型文件的大小。

图 3-8

- "生成贴图坐标"：自动指定贴图坐标。

3. 球体的创建

标准基本体球体的创建方法如下。

步骤 01 进入"创建"面板，接着单击"几何体"｜"标准基本体"｜"球体"按钮，如图 3-9 所示。

步骤 02 在顶视图中单击并拖动鼠标，可限定球体的半径。创建出球体后，松开鼠标即可完成创建，如图 3-10 所示。

步骤 03 在视图界面右击鼠标，可以退出球体的创建模式。

图 3-9   图 3-10

4. 球体的参数调节

创建球体后，可以通过"修改"面板的卷展栏调整其参数，以精确控制球体的形状和尺寸。

- "创建方法"卷展栏的主要参数如下。
  - "边"：在视图中创建球体时，拖动鼠标指针所移动的距离即为球体的直径。
  - "中心"：以中心放射方式创建球体模型，这也是系统默认的创建方式，鼠标指针移动的距离是球体的半径。
- "参数"卷展栏的主要参数如下。
  - "半径"：用来设置球体半径数值的大小。

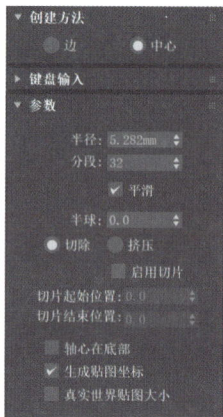

图 3-11

- "分段"：用来设置球体表面划分的段数，值越高，表面越精细，造型也越复杂。
- "平滑"：用来设置是否对球体表面进行自动光滑处理，系统默认开启该选项。
- "半球"：参数值范围在 0 ~ 1，默认为 0，表示建立完整的球体；增加数值时，球体会被逐渐减去。当"半球"值为 0.5 时制作出半球体；当"半球"值为 1 时则完全消失。不同"半球"值的效果如图 3-11 所示。

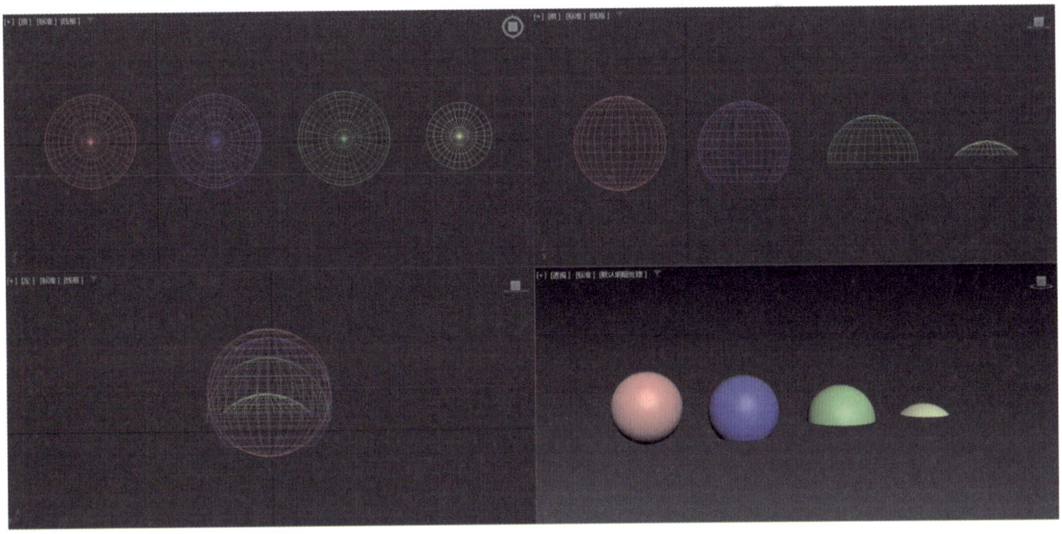

图 3-11

- "切除"/"挤压"：在进行"半球"参数调整时，这两个选项主要用来确定球体的网格划分数。
- "轴心在底部"：在建立球体时，默认球体重心设置在球体的正中央。选中此选项，系统会将重心设置在球体的底部，用此功能可以将球体放置在水平平面之上。

【温馨提示】

在 3ds Max 中，不同的基本体因三维形状的不同，其卷展栏中的参数也不一样，但这些三维基本体的创建方法和修改方法是相似的。根据实际建模工作的需要，用户调节相应的参数就可以改变三维基本体的某些特征，从而达到塑造模型的目的。

3.1.2 扩展基本体建模

在 3ds Max 中，扩展基本体涵盖常见的较为复杂的基本体模型，包括异面体、环形结、切角长方体、切角圆柱体、油罐、胶囊等共 13 种，如图 3-12 所示。

图 3-12

1. 创建方法

以扩展基本体中的异面体为例，其创建方法如下。

步骤 01 进入"创建"面板，单击"几何体"｜"扩展基本体"｜"异面体"按钮，如图 3-13、图 3-14 所示。

步骤 02 在异面体的"参数"卷展栏"系列"选项组里选择一种创建类型，接着在视图中单击并拖动鼠标来定义异面体的半径，松开鼠标即可创建完成，如图 3-15、图 3-16 所示。

步骤 03 如需创建新的异面体，可移动光标至视图中的新位置，重复步骤 01 与步骤 02 的操作即可；若想结束创建命令，在视图中右击鼠标，即可退出异面体的创建模式。

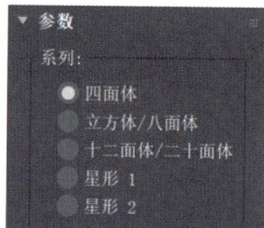

图 3-13 　　　　　　　　　图 3-14 　　　　　　　　　图 3-15

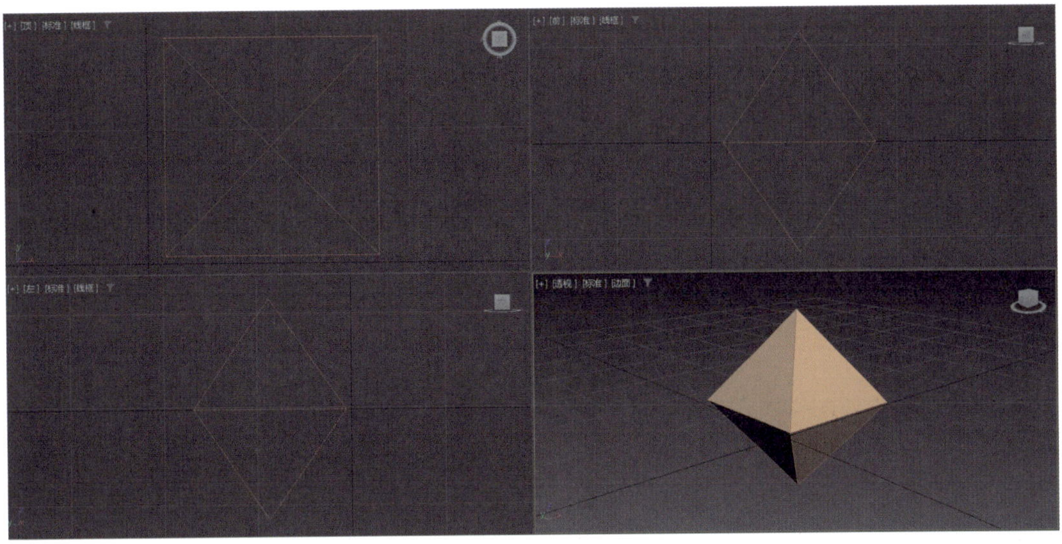

图 3-16

2. 参数调整

扩展基本体的参数调整方法类似于基本几何体。在创建扩展基本体后，可以通过"修改"面板中的"参数"卷展栏调整其参数，以精确控制其形状和尺寸。

以异面体为例，"参数"卷展栏的主要参数如下。

- "系列"选项组：提供了"四面体""立方体/八面体""十二面体/二十面体""星形 1""星形 2"共 5 种异面体的基本形状。将"异面体"的"参数"卷展栏"系列"类型设置为"四面体""立方体""十二面体""星形 1""星形 2"的效果如图 3-17 至图 3-21 所示。

- "系列参数"选项组：P、Q 是用于控制异面体的点与面进行相互转换的两个关联参数，它们的设置范围是 0.0 ~ 1.0。当 P、Q 的值都为 0 时，处于中点；当 P、Q 值其中一个值为 1.0 时，另一个值为 0.0；当 P、Q 值为其他数值时，会有相应的点与面的变化效果。图 3-22 至图 3-25 为四面体在不同 P、Q 值下的形状。

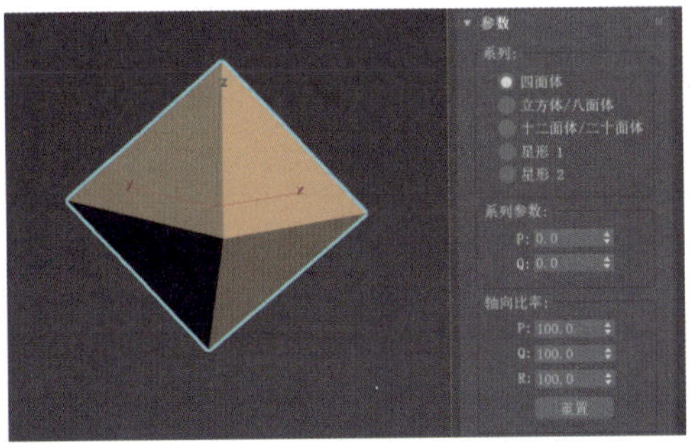

图 3-17

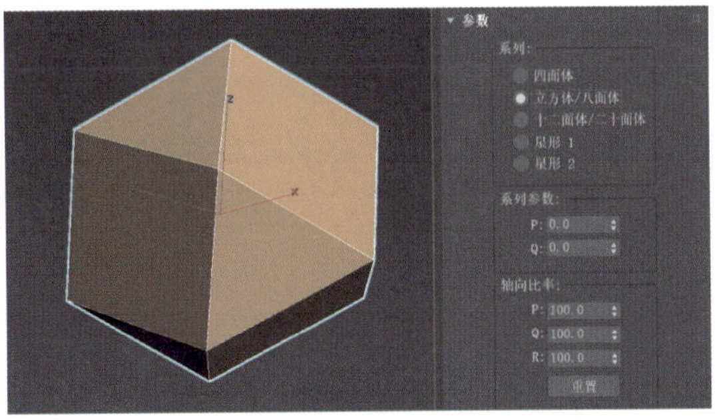

图 3-18

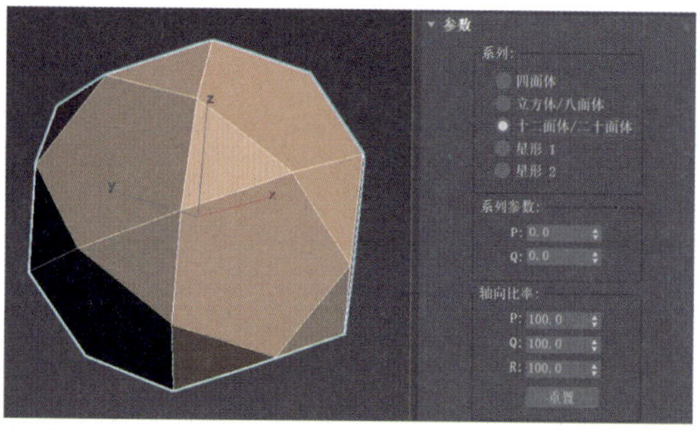

图 3-19

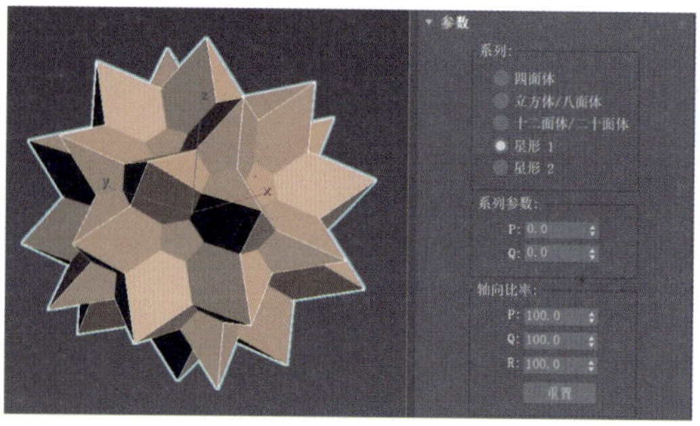

图 3-20

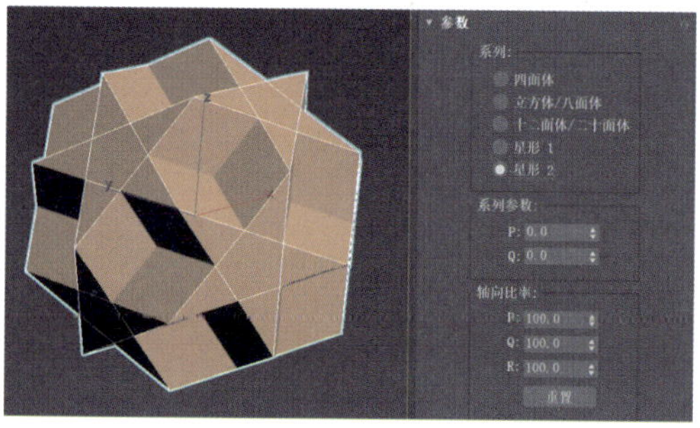

图 3-21

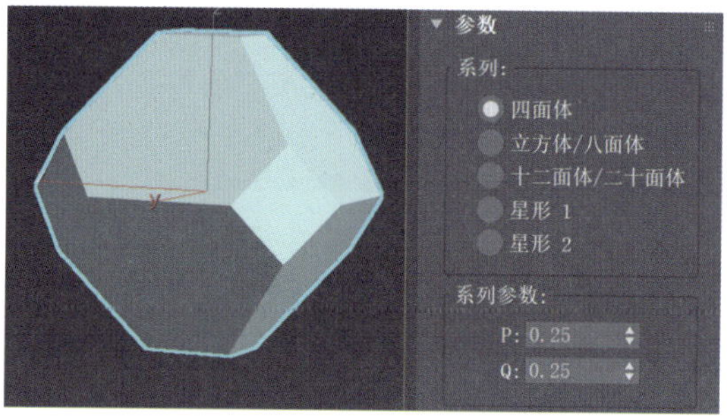

图 3-22

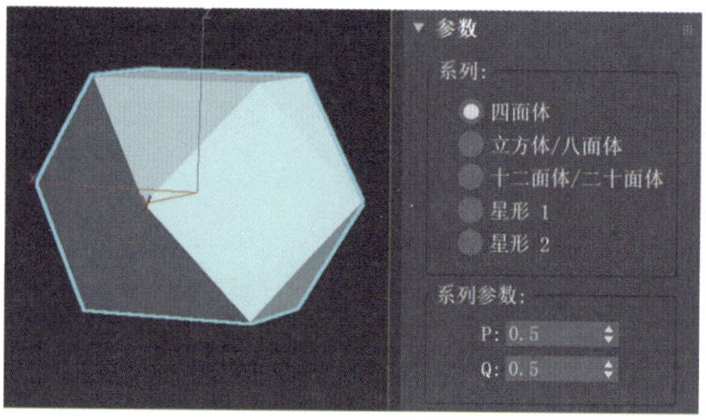

图 3-23

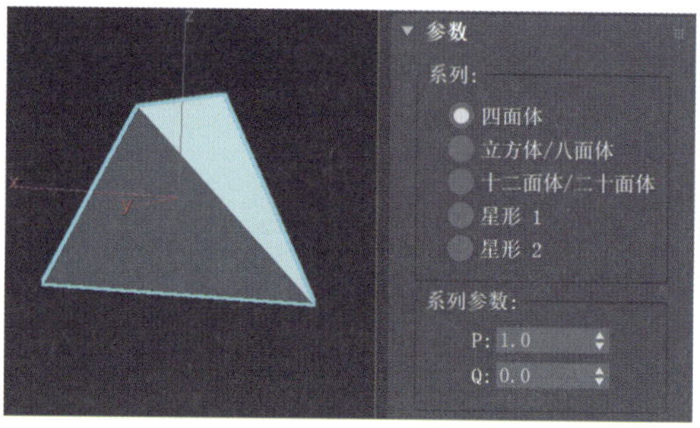

图 3-24

- "轴向比率"选项组：异面体是由三角形、矩形和五边形这 3 种不同形状的面拼接而成的，在这里的 P、Q、R 三个参数分别用来调整它们各自的比例。单击"重置"按钮，可将 P、Q、R 值恢复到默认设置。
- "顶点"选项组：用于创建异面体内部顶点，可决定异面体的内部结

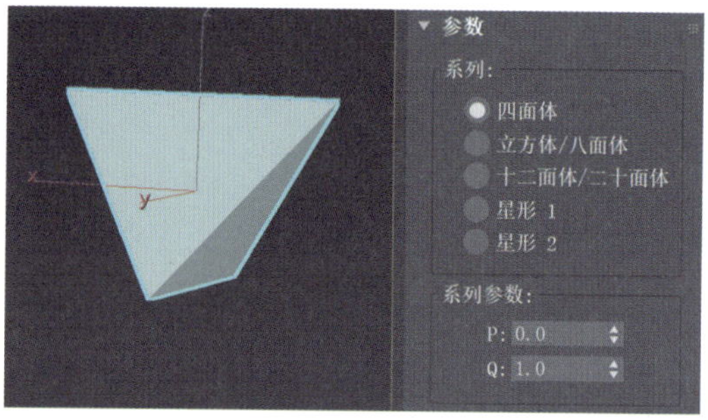

图 3-25

构。基点模式下，超过最小值的面不再进行细分；中心模式下，在面的中心位置添加一个顶点，可按中心点到面的各个顶点所形成的边进行细分；中心和边模式下，在面的中心位置添加一个顶点，可按中心点到面的各个顶点和边中心所形成的边进行细分。

- ■ "半径"：通过设置半径来调整异面体的大小。
- ■ "生成贴图坐标"：用来设置是否自动产生贴图坐标。

3.2　样条线建模

样条线建模是一种通过创建二维图形，然后再将其转换为三维模型的建模方法。在 3ds Max 中，可以通过"创建"面板中的"图形"选项来创建样条线。样条线包括直线、圆形、弧形等 13 种线型，如图 3-26 所示。

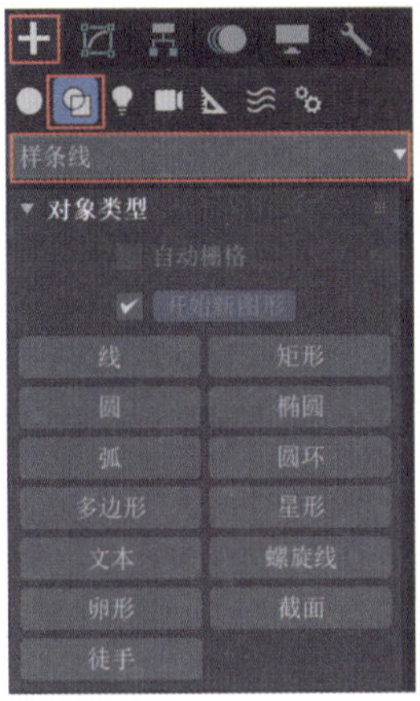

3.2.1　样条线线型

3ds Max 2024 中的样条线线型如下。

- ■ 线：可以创建直线、曲线，所创建出来的线可以是闭合图形，也可以是非闭合图形。
- ■ 矩形：可以创建矩形图形。
- ■ 圆：可以创建圆形图形。
- ■ 椭圆：可以创建椭圆图形。
- ■ 弧：可以创建圆弧形图形。
- ■ 圆环：可以创建圆环图形。
- ■ 多边形：可以创建各种多边形图形，如三角形、六边形。
- ■ 星形：可以创建星形图形。
- ■ 文本：可以创建带有文字效果的图形。
- ■ 螺旋线：可以创建螺旋线图形。
- ■ 卵形：可以创建类似鸡蛋的卵形图形。
- ■ 截面：可以基于几何体的横截面切片创建图形，当它穿过一个三维造型时，会显示截获的物体剖面。
- ■ 徒手：可以创建类似手绘线效果的图形。

图 3-26

3.2.2　样条线的创建方法

不同线型的样条线虽然在形状上差别明显，但在创建方法上有很多相似之处。下面选取几种比较典型的样条线线型进行介绍。

1. 线

样条线——线的创建方法如下。

步骤 01 打开"创建"面板，接着单击"图形"｜"样条线"｜"线"按钮，在视图中单击鼠标确定线的第一个端点。

步骤 02 移动光标到想要结束线段的位置并单击，系统会创建出第二个端点；再次单击鼠标，即可创建出第三个端点；以此类推可以连续创建多个端点，如图 3-27 所示。

步骤 03 右击鼠标，可以退出创建模式。

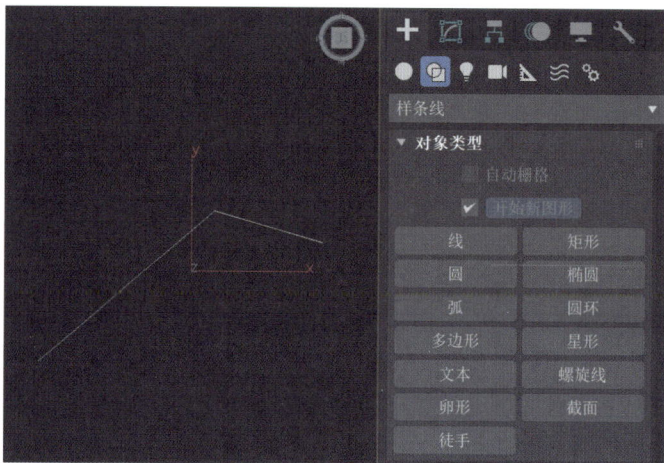

图 3-27

创建线时，可根据用户需求设定以下参数。

- "初始类型"：用来设置单击鼠标后拖曳出的线类型，包括"角点"和"平滑"两种，分别可以绘制出直线和曲线。
- "拖动类型"：用来设置按住并拖动鼠标时引出的线类型，包括"角点""平滑"和"Bezier"三种。其中，"Bezier"即"贝塞尔曲线"，它是一种优秀的可调节曲度的曲线，允许用户通过两个滑杆来调节曲线的弯曲程度。

【温馨提示】

在绘制线时，当线的终点与初始点重合，系统会弹出"样条线"对话框，如图 3-28 所示，询问用户是否闭合样条线。若单击"是"按钮，可创建一个封闭的样条线图形；若单击"否"按钮，则可继续创建线条端点。在创建线条时，按住鼠标左键拖动，可以创建曲线。

图 3-28

2. 圆

样条线——圆的创建方法如下。

步骤 01 打开"创建"面板，接着单击"图形"|"样条线"|"圆"按钮，在视图中单击鼠标，确定圆的中心。

步骤 02 按住左键并移动鼠标，可确定圆的半径。松开鼠标后，即可完成圆的创建，如图 3-29 所示。

步骤 03 再次单击视图空白处并移动光标，可绘制另一个新"圆"，右击鼠标则可结束创建圆的模式。

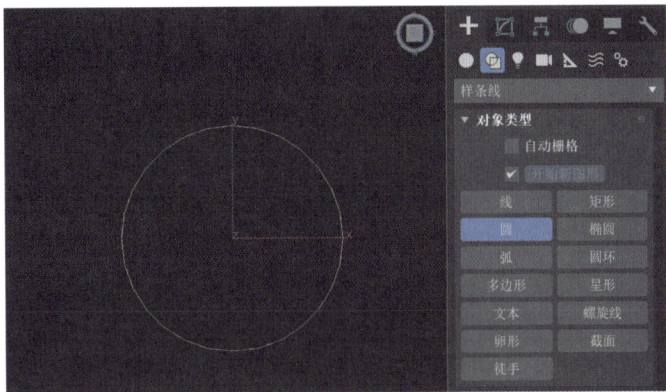

图 3-29

创建圆时，可根据用户需求设定以下参数。

- "插值"：可以控制样条线怎样生成，参数越高，曲线越平滑。
- "创建方法"：用来设置创建圆的方法，包括"边"和"中心"两个选项。
- "半径"：可设定半径数值，来限定圆的半径大小。

知识拓展　**如何使绘制的圆更加圆滑**

在工作中，一些精度需求高的图形对曲线圆滑程度有着一定的要求。在 3ds Max 的样条线中，"插值"卷展栏的"步数"参数可以控制样条线的生成精度，如图 3-30 所示。所有样条线曲线划分为近似真实曲线的较小直线，样条线上的每个顶点之间的划分数量称为步数。步数越多，则曲线越平滑，如图 3-31 所示为两个不同"步数"下的"圆"的线条效果。

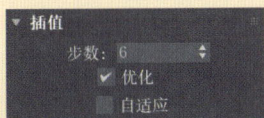

图 3-30

图 3-31

3. 矩形

样条线矩形的创建方法如下。

步骤 01 打开"创建"面板，接着单击"图形"│"样条线"│"矩形"按钮，在视图中单击鼠标以确定矩形的第一个角点。

步骤 02 按住并移动鼠标，可确定矩形的另一个角点。当松开鼠标左键，即可完成矩形的创建。右击鼠标，则可退出创建矩形的模式，如图 3-32 所示。

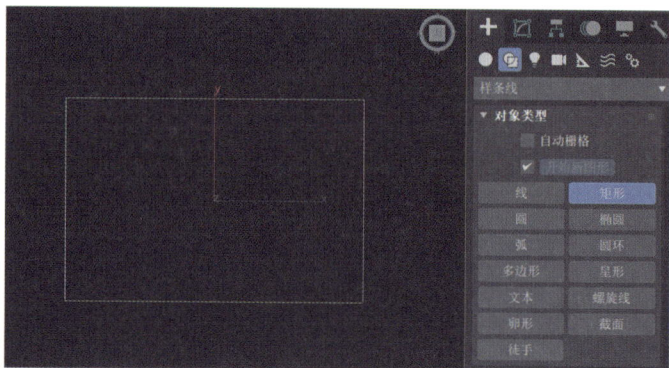

图 3-32

创建矩形时，可根据用户需求设定以下主要参数。

- "长度"/"宽度"：用来限定矩形的长和宽。
- "角半径"：用来限定矩形的四角是直角还是带有圆角弧度，可利用该功能创建出圆角矩形，如图 3-33、图 3-34 所示。

图 3-33

图 3-34

【温馨提示】

在创建矩形样条线时，按住键盘上的 Ctrl 键执行创建操作，即可以创建出正方形。

4. 文本

文本工具可以直接创建文字图形，并可设置文本内容、字体、字体大小、字体间距，其创建方法如下。

步骤 01 打开"创建"面板，接着单击"图形"｜"样条线"｜"文本"按钮，在右侧"参数"卷展栏的文本框中输入文本内容，如图 3-35 所示。

步骤 02 在视图中单击鼠标即可创建文本图形。如需调整文本的字体、大小、字间距、行间距，可以在右侧的"参数"卷展栏中进行修改。右击鼠标，可结束"文本"的创建，如图 3-36 所示。

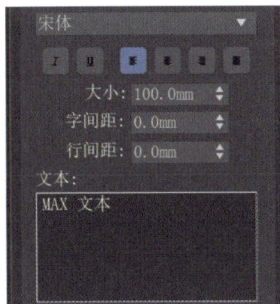

图 3-35

图 3-36

创建文本样条线时，可根据用户需求设定以下主要参数。

- ■ "大小"：用来设置文字的大小。
- ■ "字间距"：用来设置文字之间的间隔。
- ■ "行间距"：用来设置文本行与行之间的距离。
- ■ "文本"：用来输入文本内容。若需要输入多行文字，可以按键盘上的 Enter 键切换到下一行。
- ■ "更新"：用来设置修改参数后，视图是否立刻更新显示。遇到大量文字需要处理时，为加快显示速度，可以设置"手动更新"，自行更新视图。

3.2.3　可编辑样条线

在"创建"面板创建出的样条线为标准基本二维图形，这些图形的可编辑加工程度有限，只能进行简单的参数修改。为了实现样条线的进一步编辑加工，通常将其转化为可编辑的样条线。

1. 可编辑样条线的转化

用户在创建出样条线后，只能在"修改"面板进行简单的参数修改。例如，在创建矩形样条线后，只能在"修改"面板设置矩形的"长度""宽度""角半径"等基本参数，却无法对矩形的顶点位置进行更改，如图 3-37 所示。

图 3-37

如需对该图形进行深度加工，可以在选中图形的状态下右击鼠标，在弹出的快捷菜单中选择"转换为"｜"转换为可编辑样条线"命令，如图 3-38 所示。再次打开"修改"面板，就可以看见可编辑样条线的"顶点""线段""样条线"三个层级了。这样，普通样条线图形转换成了可编辑样条线，其参数界面如图 3-39 所示。

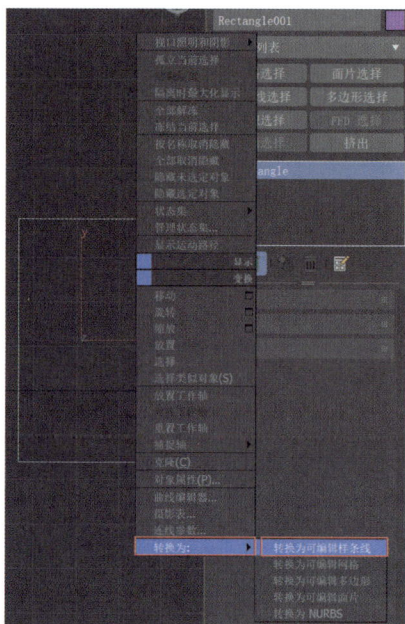

图 3-38

图 3-39

2. 可编辑样条线的参数

在将样条线图形转换为可编辑样条线之后，进入"修改"面板，在不进入任何子层级的情况下，可以发现能修改的参数较少。其中，常用的是"几何体"卷展栏中的"附加"工具，如图 3-40 所示。

- "附加"：可实现两个二维图形之间的合并，使之成为一个整体图形。
- "附加多个"：可以一次性附加多个二维图形，使之成为一个整体图形。

3. "顶点"层级下的参数

在将二维图形转换为可编辑样条线之后，进入"修改"面板，接着选择"可编辑样条线"｜"顶点"选项，即可进入可

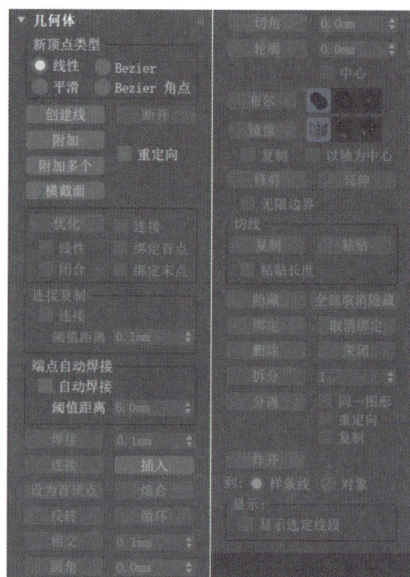

图 3-40

编辑样条线的"顶点"层级，如图 3-41 所示。在"选择"卷展栏中，也对应显示"顶点"层级的符号 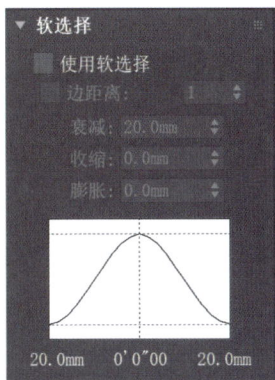，其参数面板如图 3-42 所示。

"顶点"层级下各卷展栏的主要参数如下。

■ "软选择"卷展栏：可以进行柔化选择，产生逐渐递减的过渡效果，其界面如图 3-43 所示。

图 3-41　　　　　　　图 3-42　　　　　　　图 3-43

● "使用软选择"：勾选该选项时，才可以启用软选择功能。
● "边距离"：勾选该选项时，可将软选择限制在指定的面数。
● "衰减"：定义影响区域的距离。
● "收缩"：沿着垂直轴提高或降低曲线的顶点。
● "膨胀"：沿着垂直轴展开或收缩曲线。

■ "几何体"卷展栏：提供了丰富的编辑加工形式，其界面如图 3-44 所示。

图 3-44

- "创建线"：可向所选对象添加更多样条线。
- "断开"：可将所选择的点断开，进行分离操作。
- "附加"：可使其他样条线合并至当前样条线中，使其变为一个整体图形。
- "优化"：在线段上添加顶点，从而便于精细编辑。
- "焊接"：可使阈值范围内的两个顶点焊接成为一个顶点。
- "连接"：连接两个顶点以生成一条线段。
- "设为首顶点"：指定当前图形对象的首顶点。
- "圆角"：可使当前选择的顶点变为有圆滑过渡效果的两个顶点。
- "切角"：可使当前选择的顶点变为有转角效果的两个顶点。
- "删除"：删除所选择的顶点。

4. "线段" 层级下的参数

在将二维图形转换为可编辑样条线之后，进入"修改"面板，接着选择"可编辑样条线"｜"线段"选项，即可进入可编辑样条线的"线段"层级，如图 3-45 所示。同时，在"选择"卷展栏中，也对应显示"线段"层级的符号，其参数面板如图 3-46 所示。

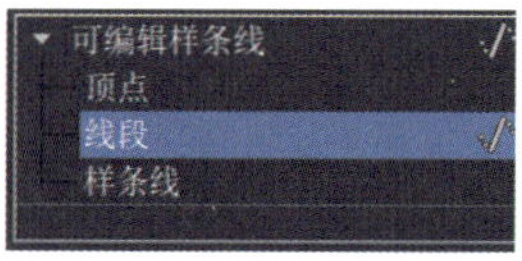

图 3-45

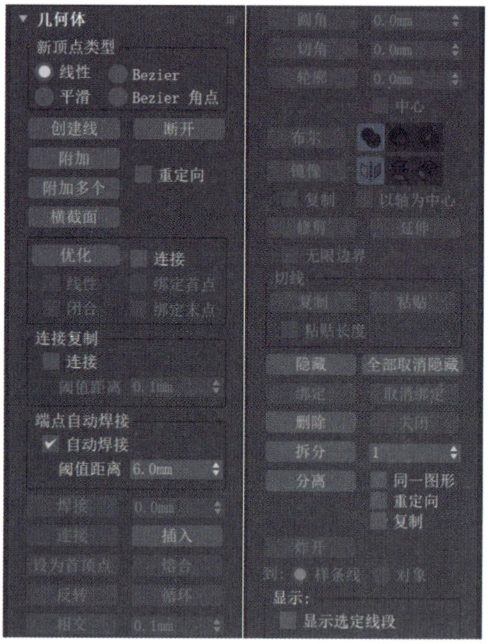

图 3-46

"线段"层级下的"几何体"卷展栏主要参数如下。

- "隐藏"：可将所选线段暂时隐藏。
- "全部取消隐藏"：可将之前已隐藏的对象进行恢复显示。
- "拆分"：可将所选线拆分成任意段数。
- "分离"：可将所选线段从主体内进行分离，成为一个新的图形。

5. "样条线"层级下的参数

在将二维图形转换为可编辑样条线之后，进入"修改"面板，接着选择"可编辑样条线" | "样条线"选项，即可进入可编辑样条线的"样条线"层级，如图 3-47 所示。同时，在"选择"卷展栏中，也对应显示"样条线"层级的符号，其参数面板如图 3-48 所示。

图 3-47　　　　　　　　　　　　　图 3-48

"样条线"层级下的"几何体"卷展栏主要参数如下。

- "插入"：在样条线上单击，可创建出顶点，使图形产生变化。
- "轮廓"：在样条线上单击，可使样条线增加内收线条或外扩线条，得到类似于偏移复制的效果。也可在右侧输入框输入数值，精确地控制轮廓量。
- "布尔"：可执行样条线之间的"并集""差集""交集"等布尔运算，进行样条线的加工。

【温馨提示】

　　用户将二维图形转化为"可编辑样条线"后，按 1、2、3 键即可切换至"顶点""线段""样条线"层级，进行对应层级的编辑操作。

3.2.4　扩展样条线

用户可通过进入"创建"面板，接着单击选择"图形" | "扩展样条线"按钮来调用创建扩展样条线的命令，如图 3-49 所示。扩展样条线包含墙矩形、通道、角度、T 形、

宽法兰 5 种类型，如图 3-50 至图 3-54 所示。扩展样条线可用来制作一些室内外墙体等常用结构，其创建方法类似于样条线，这里不再赘述。

图 3-49

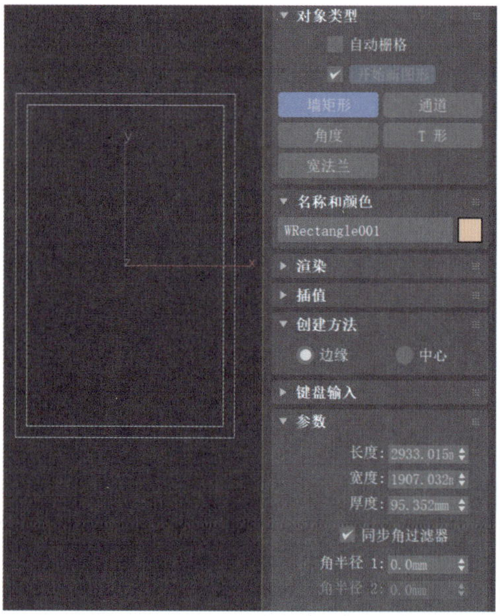

图 3-50

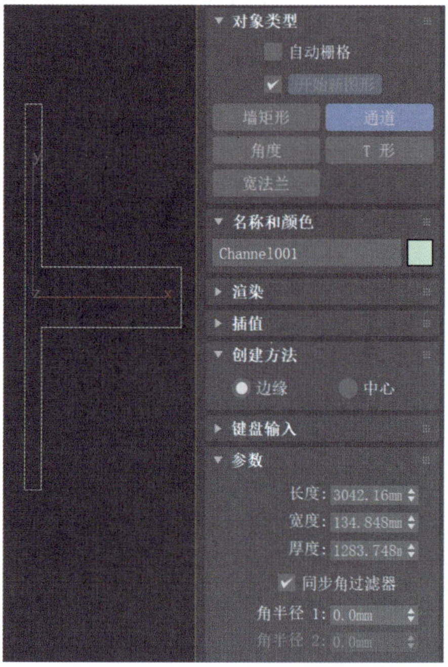

图 3-51

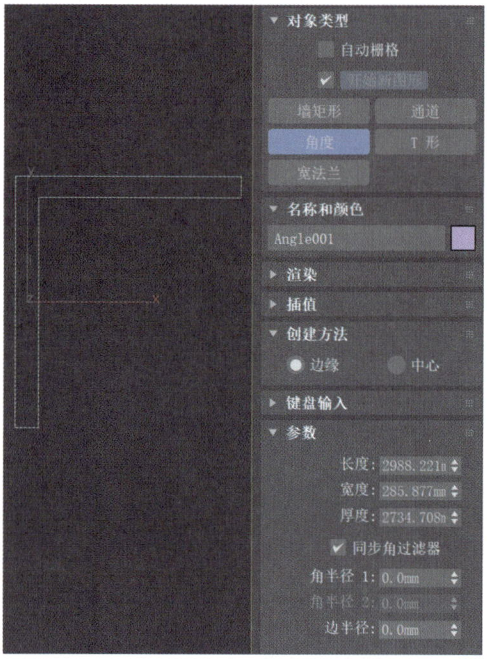

图 3-52

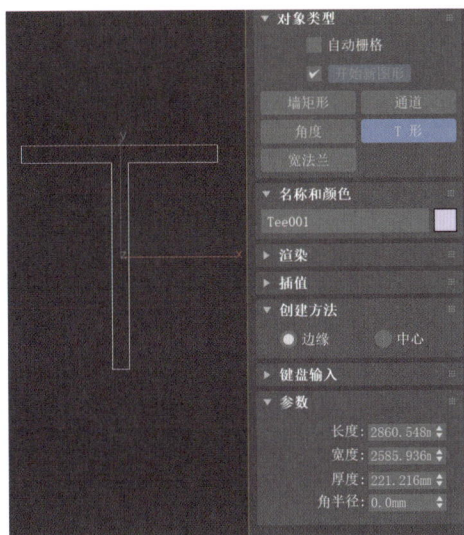

图 3-53

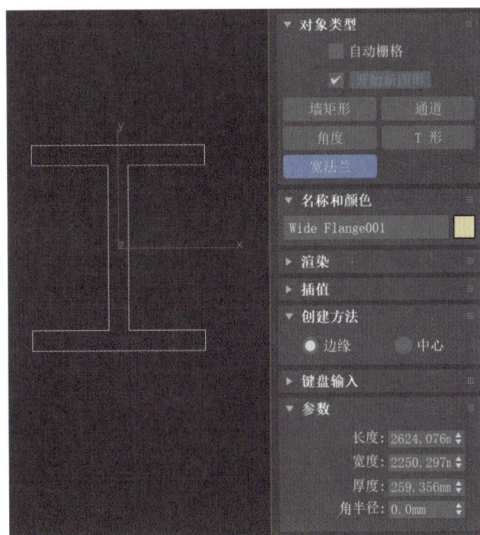

图 3-54

3.3 复合对象建模

在 3ds Max 中，用户可以通过复合对象建模将现有的两个或多个对象复合成为一个新对象。用于复合的对象既可以是二维图形，也可以是三维模型。

3.3.1 复合对象的调用

1. 三维模型

若用于复合的对象为三维模型，用户可以进入"创建"面板，接着选择"几何体"｜"复合对象"选项来进行复合，如图 3-55 所示。复合三维模型对象的工具包括变形、散布、图形合并、布尔等 12 种工具，其中布尔、图形合并较为常用。

图 3-55

2. 二维图形

若用于复合的对象为二维图形，用户可以进入"创建"面板，接着选择"图形"｜"复合图形"选项来进行复合，如图 3-56 所示。

二维图形的复合工具主要是"图形布尔"，用户可利用其带有的布尔运算功能将二维图形复合成为一个新图形。

图 3-56

3.3.2 布尔建模

布尔建模是对两个或两个以上的对象进行并集、交集、差集、合并、附加、插入等运算，从而得到新对象的运算。

1. 布尔的调用

步骤 **01** 首先选择需要进行布尔运算的对象，进入"创建"面板，接着单击"几何体"｜"复合对象"｜"布尔"按钮，如图 3-57 所示。

步骤 **02** 单击"添加运算对象"按钮，选择需要添加的对象，即可执行对应的布尔运算，如图 3-58 所示。

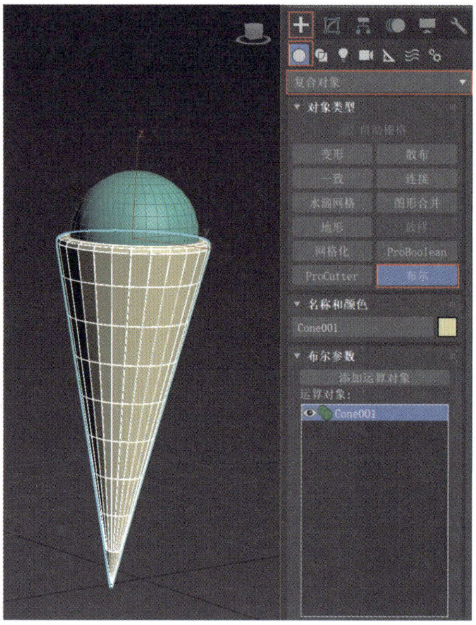

图 3-57

图 3-58

2. 布尔运算参数

布尔运算参数主要集中在"运算对象参数"卷展栏中。用户可以选择不同的布尔运算模式，如并集、交集、差集、合并、附加、插入等，还可以在"材质""显示"选项组中进行布尔运算效果设置。

"运算对象参数"卷展栏参数面板如图3-59所示,下面对常用的参数功能进行介绍。

- "并集":将两个运算对象体积合并,相交或重叠部分会被丢弃。应用了"并集"的对象在视口中显示时会以高亮状态标出其轮廓。
- "交集":将两个运算对象相交或重叠部分保留,删除其余部分。
- "差集":从一个运算对象中移除与另一个运算对象相交的部分。
- "合并":将所选运算对象相交并组合,不进行任何移除。
- "附加":将所选运算对象相交并组合,各对象实质上是复合对象中的独立元素。
- "插入":从一个运算对象中减去另一个运算对象的边界图形。
- "盖印":启用此选项,可在操作对象与原始网格之间插入相交边,而不移除或添加面。

图 3-59

3.3.3 图形合并

"图形合并"可以将二维图形复合至三维模型表面,通常用于制作带有浮雕效果的三维体。用户可以选择需要进行图形合并的一个二维图形,进入"创建"面板,接着单击"几何体"|"复合对象"|"图形合并"按钮,如图3-60所示。

图形合并的参数面板如图3-61所示。下面对图形合并常用的参数功能进行介绍。

- "拾取图形":单击该按钮后,选择嵌入网格对象中的图形。
- "运算对象":在复合对象中列出所有操作对象。
- "名称":显示运算对象的信息。

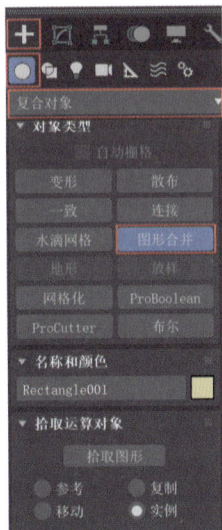

图 3-60

图 3-61

- ■ "删除图形"：从复合对象中删除选中图形。
- ■ "提取运算对象"：提取选中操作对象的副本或实例。
- ■ "饼切"：切除网格对象曲面外部的图形。
- ■ "合并"：将图形与网格对象曲面合并。
- ■ "反转"：翻转"饼切"和"合并"的效果

3.3.4 放样

放样是将二维对象作为截面，沿着另一个二维对象的路径生成三维模型的建模方法。值得注意的是，放样的路径只能有一个，而截面可以有一个或多个。图3-62至图3-64所示分别为路径与一个和多个截面生成的放样效果。

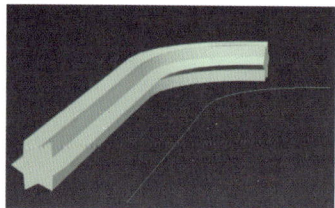

图 3-62　　　　　　　　　图 3-63　　　　　　　　　图 3-64

1. 放样的使用方法

步骤 01 创建路径和截面。用户可以在顶视图创建二维截面图形和二维路径，例如在顶视图创建一条路径，以及星形和圆形的截面，如图3-65所示。

步骤 02 执行放样命令。首先选择路径图形，进入"创建"面板，接着单击"几何体"｜"复合对象"｜"放样"按钮，如图3-66所示。

步骤 03 拾取图形。单击"获取图形"按钮，在视图中拾取截面图形，如图3-67所示。接着，将截面指定给选定的路径，即可完成操作。

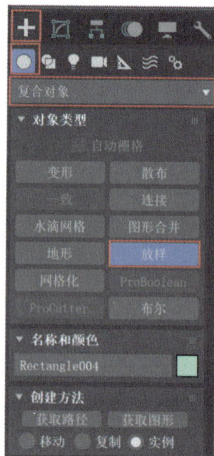

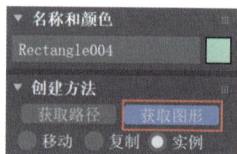

图 3-65　　　　　　　　　图 3-66　　　　　　　　　图 3-67

3.4 修改器建模

在三维建模的工作中，经常需要利用修改器对模型进行修改和加工，以实现理想的效果。本节主要介绍常用的修改器，包括"挤出""车削""倒角剖面""UVW贴图"等。

3.4.1 "挤出"修改器

进入"修改"面板，在"修改器列表"的右侧单击▼图标，即可在列表中选择对应修改器，如图 3-68 所示。

"挤出"修改器可以将绘制的二维图形挤出高度，形成实体，其"参数"卷展栏如图 3-69 所示。"挤出"修改器在对二维图形进行挤出时，通常有两种效果：①当被挤的二维图形为封闭图形时，挤出效果为三维实体；②当被挤的二维图形为开放图形时，则挤出效果为面片状。两种效果分别如图 3-70、图 3-71 所示。

图 3-68

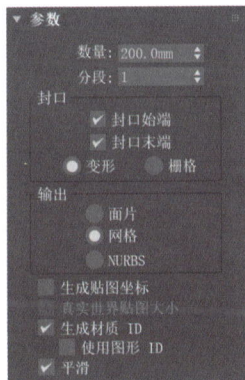

图 3-69

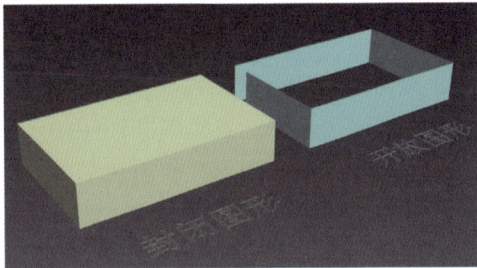

图 3-70   图 3-71

用户可以在"修改"面板的"参数"卷展栏中调节参数，实现更为精细的挤出效果。下面对"挤出"修改器常用的参数进行介绍。

■ "数量"：控制挤出实体的厚度。

- "分段"：控制挤出厚度上的分段数量。
- "封口"选项组：主要控制挤出实体的顶面、底面的封闭情况。其中"封口始端"表示在始端封口，"封口末端"表示在末端封口。
- "变形"：用于变形动画的制作，其点面数恒定不变。
- "栅格"：对边界线进行重新排列，以最精简的点面数来获取模型。
- "输出"选项组：设置挤出实体的输出模型的类型。
- "平滑"：将挤出实体平滑显示。

3.4.2 "车削"修改器

"车削"修改器的原理是将二维图形绕轴旋转来生成三维的实体模型，常用来制作中心对称的旋转体，如酒瓶、花瓶等，其参数面板如图 3-72 所示。

下面对"车削"修改器常用的参数进行介绍。

- "度数"：用于控制车削图形的旋转度数。
- "焊接内核"：将轴心重合的顶点进行焊接，使旋转中心轴的地方产生光滑效果，得到平滑无缝的模型，简化网格面。
- "分段"：控制车削分段的数量。
- "封口"选项组：主要控制端口封闭的情况。
- "方向"选项组：控制车削的轴向。
- "对齐"选项组：控制旋转轴和对象顶点的对齐方式。

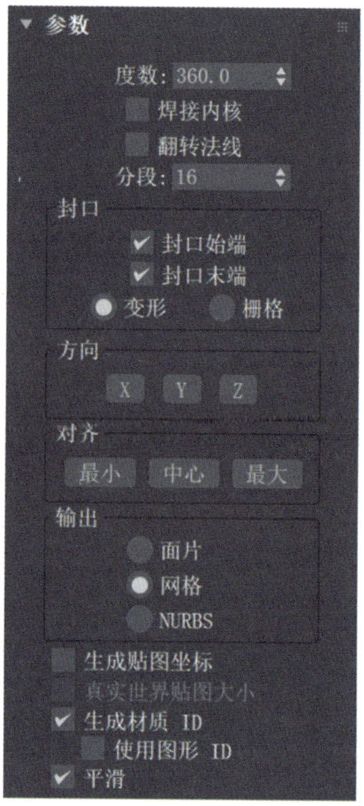

图 3-72

3.4.3 "倒角剖面"修改器

"倒角剖面"修改器是"倒角"修改器的一种变形，类似于"放样"命令。用户需提供一个截面路径作为倒角的轮廓线，但是"倒角剖面"修改器制作完成后的剖面线不能删除，除非将制作完成的模型转换为可编辑多边形，否则制作的模型也会被一起删除。其参数面板如图 3-73 所示。

下面对"倒角剖面"修改器常用的参数进行介绍。

- "经典"：使用旧版的经典倒角模式。
- "改进"：使用新版的改进倒角模式。
- "拾取剖面"：可以选择用于剖面路径的图形。

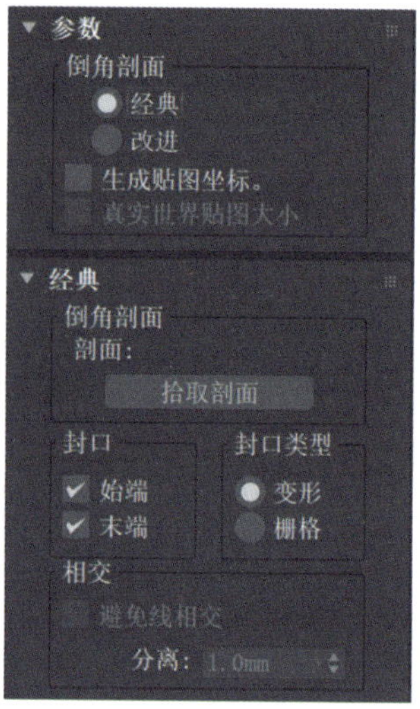

图 3-73

3.4.4 "UVW 贴图"修改器

"UVW 贴图"修改器可以控制模型对象表面材质贴图的显示方式和贴图坐标，能指定将贴图投影到对象上的方式，其参数面板如图 3-74 所示。

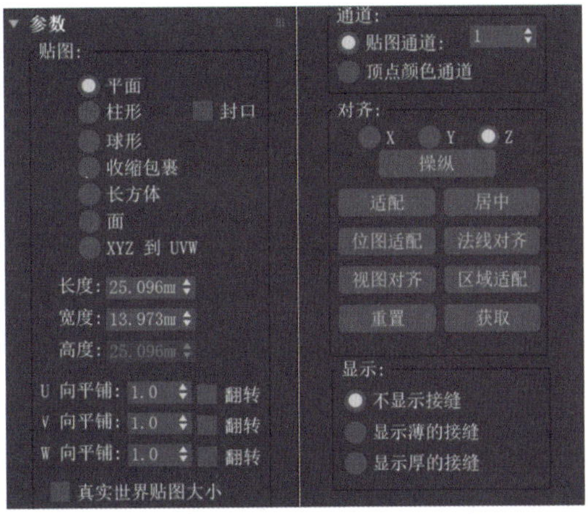

下面对"UVW 贴图"修改器常用的参数进行介绍。

图 3-74

- ■ "贴图"选项组：控制所使用贴图的类型，不同的类型方式将影响贴图投影到模型对象的方式。
- ■ "长度"/"宽度"/"高度"：可以控制贴图尺寸大小。
- ■ "U 向平"/"V 向平"/"W 向平"：可以指定"UVW 贴图"的尺寸以便平铺图像。
- ■ "翻转"：按指定轴向翻转图像。
- ■ "对齐"选项组：可以设置贴图显示的轴向。

3.5 其他建模方法

3ds Max 提供了丰富的三维建模方法，除了前文提到的基本体建模、样条线建模、复合对象建模、修改器建模外，常见的还有多边形建模、NURBS 建模。不同的建模方法为不同的应用场景提供了便利。

3.5.1 多边形建模

3ds Max 中的多边形建模是基于可编辑多边形的建模功能。可编辑多边形功能强大，可以对大多数的三维几何体进行深度塑造。

本节仅说明 3ds Max 建模的方法体系，可编辑多边形的具体知识内容将在本书第 5 章为读者进行详细介绍。

3.5.2 NURBS 建模

与多边形建模一样，NURBS 建模也是 3ds Max 所具有的一个功能强大的建模方法。NURBS 曲线和曲面具有较高的控制性和精确度，适用于需要高精度曲面的设计工作。

虽然 NURBS 建模功能强大，但主要应用在曲线编辑上。对于室内设计领域的效果图制作而言，其主要工作可以由多边形建模来完成，NURBS 建模用得很少，这里就不展开介绍了。

课堂练习——使用样条线建模创建卧室墙体结构

墙体是室内效果图表现的空间载体。墙体的制作主要有"样条线双面建模"和"样条线单面建模"两种方法。前者清晰、直观，但所创建的面会多一些；后者建模效率高，但难度也稍高。用户需要根据习惯和项目特点来选择使用哪个方法。在通常情况下，双面建模和单面建模都是可行的。本练习案例主要介绍双面建模，即使用实体的方式建模。

步骤 01 打开案例文件。打开 3ds Max 案例文件后，可以观察到 CAD 图纸冻结对象的界面，如图 3-75 所示。

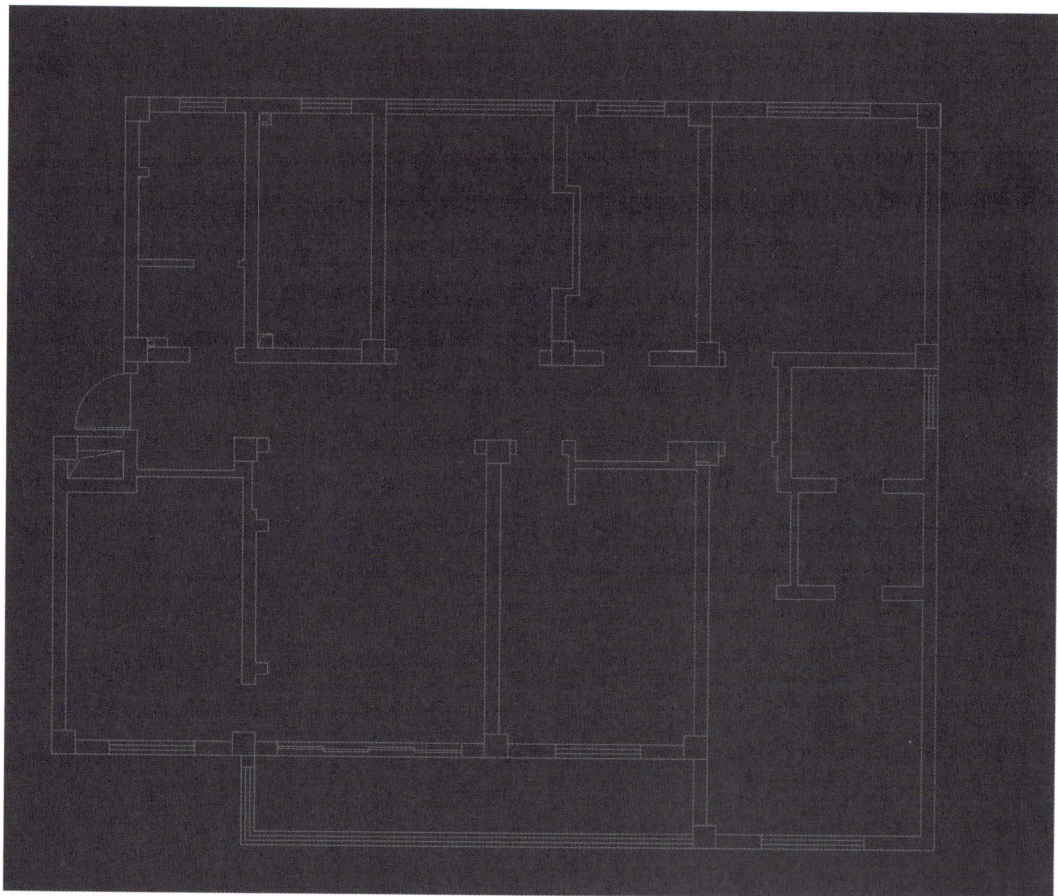

图 3-75

步骤 02 对墙线进行描线。以卧室房间为例，执行"创建"|"图形"|"样条线"|"线"命令，以顺时针或逆时针方向，沿卧室墙线轮廓绘制样条线。绘制完毕后，末端点与首端点相连，系统将弹出"样条线"对话框，如图 3-76 所示。单击"是"按钮，即可完成绘制。

步骤 **03** 重复步骤 02，绘制剩余全部墙体，如图 3-77 所示。

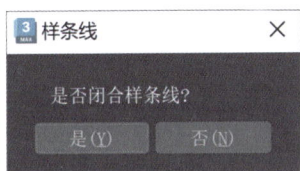

图 3-76

图 3-77

步骤 **04** 挤出房间体积。选中所绘制的样条线，执行"修改"│"挤出"命令。接着在"修改"面板"参数"卷展栏的"数量"参数中输入"2800mm"作为挤出的高度，如图 3-78、图 3-79 所示。

图 3-78

图 3-79

步骤 **05** 绘制门洞口。按步骤 02 的方法绘制门洞口的样条线，并执行"挤出"命令，在挤出"数量"参数中输入"700mm"作为门洞口过梁上墙体的高度，如图 3-80、图 3-81 所示。

图 3-80

图 3-81

步骤 06 调整门洞口高度。选择门洞口模型，激活"选择并移动"工具，在底部坐标轴输入区输入 Z 轴高度为"2100mm"，这时门洞口即调整到了合适的高度，如图 3-82 所示。

图 3-82

步骤 07 绘制其余门窗洞口。用同样的方法完成其余门窗洞口结构的创建，注意门窗洞口区域需要绘制 2 个模型体块。分别调整门窗洞口至合适高度，完成效果如图 3-83 所示。

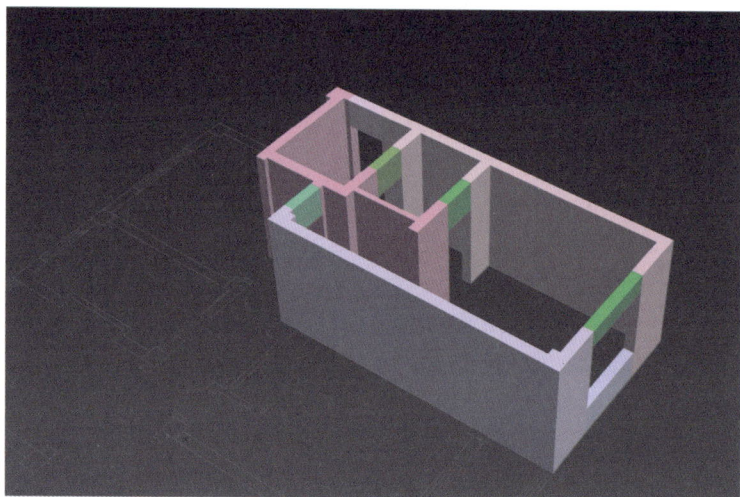

图 3-83

拓展训练

为了更好地掌握本章所学知识，在此列举几个与本章相关联的拓展案例，以供练习。

1. 成套户型结构建模

以本章课堂练习的 CAD 为建模依据，将户型中所有结构部分的建模工作完成，并进行默认材质的赋予。

操作提示

- 打开"创建"面板，接着单击"几何体"｜"标准基本体"｜"平面"按钮，即可制作地面、顶面的结构。除了最终渲染出图外，为方便建模和观察，可将顶视图隐藏。
- 按键盘上的 M 键，调用材质编辑器，将默认材质球拖拽给墙体结构模型，即可完成默认材质的赋予。

参考效果如图 3-84 所示。

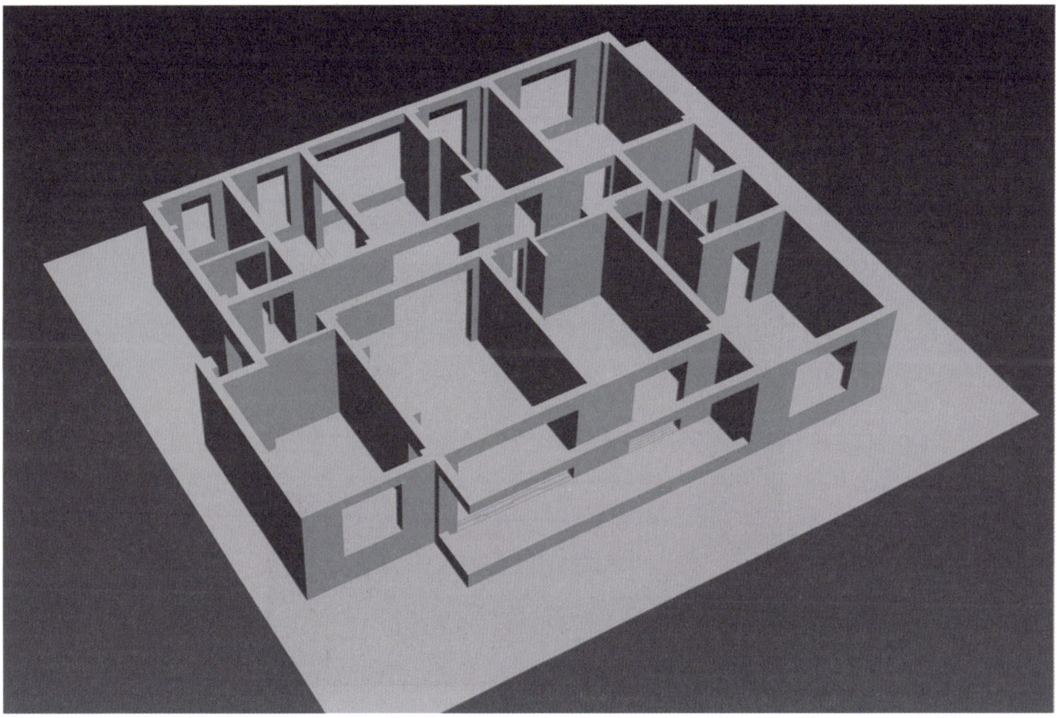

图 3-84

2. 象棋棋子的制作

利用 3ds Max 制作中国象棋的棋子模型。

操作提示

- 打开"创建"面板,接着单击"几何体"│"扩展基本体"│"切角圆柱体"按钮,即可创建出类似于棋子的形体,如图 3-85 所示。
- 在"修改"面板中,通过设置切角圆柱体"参数"卷展栏的"圆角分段"参数来控制切角圆柱体切角处的圆润程度;通过设置"边数"参数控制圆柱体的圆润程度。
- 打开"创建"面板,接着单击"图形"│"样条线"│"文本"按钮创建中文文本,如图 3-86 所示。
- 将文本对齐切角圆柱体中心偏上位置,打开"创建"面板,接着单击"几何体"│"复合对象"│"图形合并"按钮,将文字复合在切角圆柱体上,如图 3-87 所示。

图 3-85	图 3-86	图 3-87

参考效果如图 3-88 所示。

图 3-88

第4章

3ds Max 的基础工具

内容导读 📖

　　基础工具是 3ds Max 在建模工作中使用频率较高的工具，主要包括选择、移动、旋转、缩放、捕捉、对齐、镜像、阵列等。通过使用基础工具，用户可以更加方便地进行建模操作和模型管理。

学习目标 🎓

- ✓ 熟悉基础工具的调用方法
- ✓ 掌握选择类工具的使用方法
- ✓ 掌握变换类工具的使用方法
- ✓ 掌握捕捉、对齐和镜像工具的使用方法
- ✓ 熟悉阵列工具的使用方法

4.1 选择工具

对象的选择是进行三维建模的高频操作之一，3ds Max 为用户提供了多种对象选择工具，包括"选择对象""窗口 / 交叉""按名称选择""按颜色选择"等。

4.1.1 "选择对象"工具

"选择对象"是 3ds Max 单击选择对象的方式，又叫作"点选"，它是最基础也是最常用的选择工具。下面对"选择对象"工具的使用方法进行介绍。

步骤 01 命令调用。单击工具栏中的"选择对象"工具█（快捷键为 Q），即可激活该工具命令。

步骤 02 选择对象。将光标移动至目标对象上，当出现██图标时，单击即可选中当前目标对象。此时，目标对象的外边框也由黄色变为蓝色，如图 4-1、图 4-2 所示。

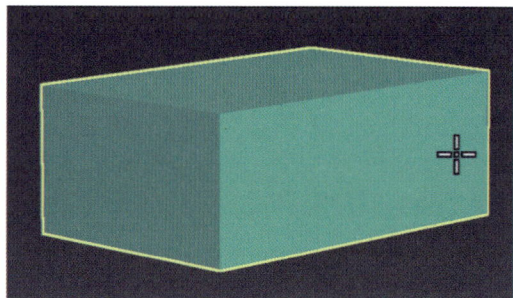

图 4-1   图 4-2

步骤 03 继续或取消选择。如需选择多个对象，按住键盘上的 Ctrl 键再单击目标对象即可添加对象；如需取消所选对象，可按住键盘上的 Alt 键再单击目标对象；如需取消全部选择，可单击视图界面的空白处。

【温馨提示】

在线框显示模式的视口中，如需选择对象，必须在激活"选择对象"工具后，将光标移动至物体的线框轮廓线上再单击，才可以选择中该对象。

4.1.2 "窗口"选择和"交叉"选择

1. "窗口"选择

在激活"选择对象"工具后，在其右侧的工具面板中单击"窗口 / 交叉"切换工具，当图标变为██时，即可进入"窗口"选择模式。在"窗口"选择模式下，用户可以按住鼠标左键并拖动以框选对象。框选完成后松开鼠标，这时被完全包含在选择框内的对象可以被选中，没有完全包含在选择框内的对象则不会被选中，如图 4-3（a）所示。

2. "交叉"选择

在激活"选择对象"工具后，在其右侧的工具面板中单击"窗口/交叉"切换工具，当图标变为 ▣ 时，即可进入"交叉"选择模式。在"交叉"选择模式下，用户可以拖动鼠标以交叉选择对象。交叉选完成后松开鼠标，这时包含在选框之内或者与选框相交的对象均可全部被选中，如图 4-3（b）所示。

（a）　　　　　　　（b）

图 4-3

【温馨提示】

　　"窗口"和"交叉"都是比较常用的选择模式。"窗口"和"交叉"选择模式可通过工具面板中的"窗口/交叉"切换工具进行切换，也可以使用快捷键 Shift+O。在建模工作中，经常需要配合使用不同的选择方法和选择模式，以实现更精确高效的选择操作。

4.1.3　"按名称选择"工具

"按名称选择"是通过对象的名称来快速定位和选择对象的方法。下面对"按名称选择"工具的使用方法进行介绍。

步骤 01 工具调用。单击工具栏上的"按名称选择"工具 ▤，（快捷键为 H）系统会弹出"从场景选择"对话框。

步骤 02 选择对象。用户在"名称"列表中单击目标对象的名称，背景变为蓝色则表示该名称对象被选择中。如需选择多个，则可以按住 Ctrl 键再单击需要增选的目标对象。当背景变为蓝色时，即表示这些对象名称都被选中，如图 4-4 所示。

步骤 03 执行命令。单击"确定"按钮，关闭对话框进行命令执行。此时，场景中的相应目标对象都处于被选择状态。

图 4-4

知识拓展　**利用场景选择过滤器快速选择对象**

　　"从场景选择"对话框包括两个部分：上方的过滤工具和下方的名称列表。其中过滤工具用于对不同对象进行分类选择，名称列表则列出了场景中所有的对象，如图 4-5 所示。

　　在场景中的模型数量和种类较多时，如需快速选择几何体类型的对象，可按住 Alt 键单击"显示几何体"图标 ◉，可快速缩小选择范围，如图 4-6 所示。接着，单击目标几何体对象的名称后单击"确定"按钮，即可实现快速选择。

图 4-5　　　　　　　　　　　　　　　　图 4-6

4.1.4　"按颜色选择"工具

　　"按颜色选择"也是 3ds Max 中实用的选择工具。下面对"按颜色选择"工具的使用方法进行介绍。

步骤 01 工具调用。执行"编辑"|"选择方式"|"颜色"命令，如图 4-7 所示。

步骤 02 选择对象。将光标放在需要选择的物体上，当出现 图标时，单击即可识别并将与该对象颜色相同的其他对象选中，如图 4-8 所示。

| 编辑(E) | 工具(T) | 组(G) | 视图(V) | 创建(C) | 修改器(M) |

撤消(U)　选择　　　　　　　Ctrl+Z
重做(R)　　　　　　　　　　Ctrl+Y
暂存(H)　　　　　　　　　　Ctrl+H
取回(E)　　　　　　　　Alt+Ctrl+F
删除(D)　　　　　　　　　[Delete]
克隆(C)　　　　　　　　　　Ctrl+V
移动　　　　　　　　　　　　　W
旋转　　　　　　　　　　　　　E
缩放
放置
变换输入(T)...　　　　　　　F12
变换工具框...
全选(A)　　　　　　　　　　Ctrl+A
全部不选(N)　　　　　　　　Ctrl+D
反选(I)　　　　　　　　　　Ctrl+I
选择类似对象(S)　　　Shift+Ctrl+A
选择实例
选择方式(B)　　　　　　　　　　▶　　名称(N)　　H
选择区域(G)　　　　　　　　　　▶　　层...
管理选择集...　　　　　　　　　　　　颜色(C)
对象属性(P)...

图 4-7

图 4-8

【温馨提示】

　　"按颜色选择"工具中的颜色是指创建物体时的基本颜色，默认是系统的随机色，而不是材质贴图的颜色。物体在二维线框状态下所显示的颜色即为物体的基本颜色。

4.1.5　选择过滤器

　　选择过滤器是 3ds Max 中控制选择对象类型的工具。通过选择过滤器，用户可以限制选择范围，只选择特定类别的对象，如几何体、灯光、摄影机等。下面对选择过滤器的使用方法进行介绍。

步骤 01 过滤类别选择。单击工具栏上的选择过滤器下拉列表，如图 4-9 所示。从下拉列表中选择一个类别，例如选择"几何体"，即可执行过滤命令，如图 4-10 所示。

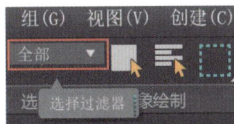

图 4-9

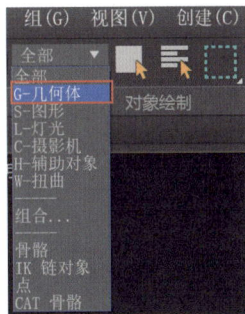

图 4-10

步骤 02 选择对象。接下来，用户无论是用"点选"还是"窗口/交叉"模式进行选择，都只能在视图场景中选择几何体类别的对象，而不会选择到非几何体类别的对象。

通过熟练掌握这些选择工具的使用方法和技巧，用户可以更高效地在 3ds Max 中进行建模和场景管理。这些工具不仅提高了工作效率，而且使得复杂的场景管理变得更加简便。

4.2 选择并移动/选择并旋转/选择并缩放

3ds Max 中的"选择并移动"/"选择并旋转"/"选择并缩放"工具属于变换类工具，其为双重命令，既可以实现对象的选择，同时也可以对该对象进行自由移动、自由旋转或自由缩放操作。此外，在使用"选择并移动"/"选择并旋转"/"选择并缩放"工具时，可以输入数值来进行精确变换操作。

4.2.1 "选择并移动"工具

用户如需在选择的同时对目标对象进行位置调整，可使用"选择并移动"工具。下面对"选择并移动"工具的使用方法进行介绍。

步骤 01 工具调用。"选择并移动"工具的图标➕位于 3ds Max 视图界面上方的工具栏，单击即可激活该工具，其快捷键为 W 键。

步骤 02 选择对象。在任意视图中单击花瓶对象，被选中的花瓶对象会出现 X、Y、Z 三轴轴向的移动 Gizmo 控制图标，如图 4-11 所示。

步骤 03 移动对象。将光标移动到对应的轴向上，系统会将其高亮显示，此时按住鼠标左键并拖曳，即可移动对象，如图 4-12 所示。

图 4-11

图 4-12

【温馨提示】

在执行"选择并移动"命令时，若 Gizmo 图标未显示，则可能是 Gizmo 未处于启用状态。用户可以选择"自定义"｜"首选项"命令，打开"首选项设置"对话框，如图 4-13 所示。在此对话框的 Gizmos 选项卡中，即可对 Gizmo 进行常规设置。勾选"启用"选项后，在对场景对象进行选择并移动时，即可看见 Gizmo 控件。同时，用户也可以使用键盘上的"+"/"-"键来放大或缩小 Gizmo 图标。

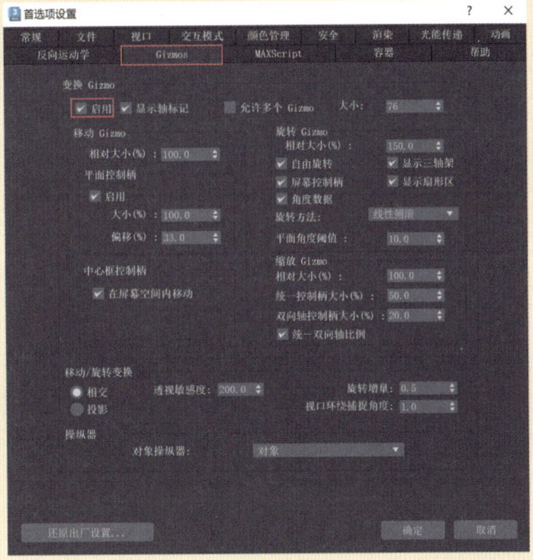

图 4-13

4.2.2　"选择并旋转"工具

用户如需在选择的同时对目标对象进行角度方向的调整，可使用"选择并旋转"工具。下面对"选择并旋转"工具的使用方法进行介绍。

步骤 01 工具调用。"选择并旋转"工具的图标 C 位于 3ds Max 视图界面上方的工具栏，单击即可激活该工具，其快捷键为 E 键。

步骤 02 选择对象。在任意视图中单击花瓶对象，被选中的花瓶对象会出现 X、Y、Z 三轴轴向的旋转 Gizmo 控制图标，如图 4-14 所示。

步骤 03 旋转对象。将光标移动到对应的轴向上，系统会将其进行高亮显示。此时按住鼠标左键并拖曳，即可旋转对象，如图 4-15 所示。

图 4-14

图 4-15

知识拓展 **精确控制旋转角度**

　　为了精确操控旋转对象，"选择并旋转"工具经常配合"角度捕捉切换"工具精确调整旋转角度，其快捷键为 A。单击"角度捕捉切换"图标，即可启用角度捕捉。用户也可以根据需要右击"角度捕捉切换"图标，在弹出的"栅格和捕捉设置"对话框中，设置任意角度捕捉数值，如图 4-16 所示。设置完毕，再激活"角度捕捉切换"工具，系统就会按用户设置的角度值来对场景对象的旋转角度进行约束。

　　系统默认的捕捉角度是 5 度，用户可以根据需要设置合适的角度，如设置为 30，则表示每次旋转的捕捉精度为 30 度。

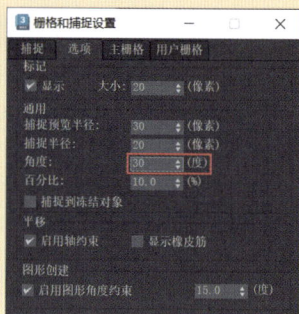

图 4-16

4.2.3 　"选择并缩放"工具

　　用户如需在选择的同时对目标对象进行大小的改变，可使用"选择并缩放"工具。下面对"选择并缩放"工具的使用方法进行介绍。

步骤 01 工具调用。"选择并缩放"工具的图标位于 3ds Max 视图界面上方的工具栏，其快捷键为 R。单击即可激活"选择并缩放"工具，如图 4-17 所示。

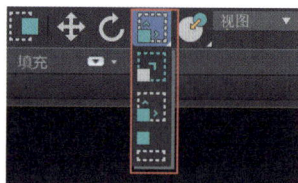

图 4-17

步骤 02 选择对象。在任意视图中单击花瓶对象，被选择中的花瓶对象会出现 X、Y、Z 三轴轴向的缩放 Gizmo 控制图标。Gizmo 控制图标可以实现不同轴向上的大小变换，也可实现"均匀"和"非均匀"缩放，如图 4-18 所示。

步骤 03 缩放对象。将光标移动到对应的轴向上，系统会将其进行高亮显示。此时按住鼠标左键并拖曳，即可缩放对象，如图 4-19 所示。

【温馨提示】

　　"选择并缩放"工具三种模式的功能略有不同。
- 均匀缩放：在三个坐标轴上均匀缩放。
- 非均匀缩放：在锁定的坐标轴上缩放。
- 等体积缩放：在锁定的坐标轴上挤压变形，对象体积不发生改变，仅改变形状。

图 4-18

图 4-19

4.3　捕捉和对齐

在 3ds Max 中，"捕捉"工具和"对齐"工具对于确保建模的精确至关重要，它们能将模型对象限定在特定的空间位置。

4.3.1　"捕捉"工具

1. "捕捉"工具的开启

捕捉功能是依靠捕捉开关和捕捉参数的设置发挥作用的，其快捷键为 S。捕捉开关的按钮图标位于 3ds Max 视图界面上方的工具栏。激活"捕捉"工具后，光标能自动吸附到特定的捕捉点位，如对象的顶点、中点、垂足、视图中的栅格点等特征点，以精确绘图。用户长按该图标，可切换捕捉模式，如图 4-20 所示。其中的三个图标分别代表着捕捉的三种维度模式：2D（2 维）捕捉、2.5D（2.5 维）捕捉和 3D（3 维）捕捉。

图 4-20

2. "捕捉"工具的使用方法

下面对"捕捉"工具的使用方法进行介绍。

步骤 01 打开场景文件。

步骤 02 工具调用。激活"捕捉"工具，并选择捕捉模式。长按工具栏中的捕捉开关按钮，选择 2.5D 捕捉模式。

步骤 03 设置捕捉选项。右击捕捉开关，打开"栅格和捕捉设置"对话框，可进行捕捉选项的设置。在"捕捉"选项卡中，勾选所需的捕捉内容选项，即可启用该选项，推荐的室内效果图设计初始捕捉设置如图 4-21 所示。

下面对室内效果图中较为常用的捕捉内容选项进行介绍。

■ 栅格点：勾选该选项，可以捕捉到栅格的交点。

■ 顶点：勾选该选项，可以捕捉到对象的顶点，如线的顶点、图形的顶点。

■ 端点：勾选该选项，可以捕捉到对象的端点。

■ 中点：勾选该选项，可以捕捉到对象边的中点。

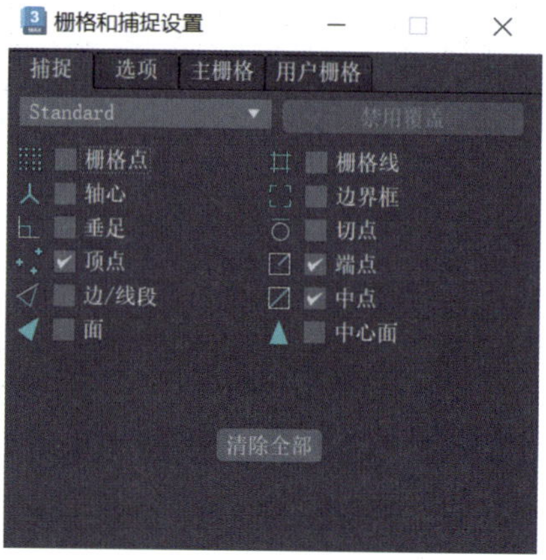

图 4-21

【温馨提示】

　　捕捉的三种维度模式分别适合在 2 维、2.5 维、3 维场景中的对象进行捕捉，其中 2.5D（2.5 维）模式在室内效果图设计中更常用，推荐选择以 2.5D 作为常规捕捉模式。

4.3.2 "对齐"工具

"对齐"工具可使所选对象和目标对象之间按照指定条件进行对齐，但不会改变对象的原始尺寸和比例，其快捷键为 Alt+A。3ds Max 提供了 6 种不同的对齐模式。长按工具栏中的"对齐"工具图标█，即可显示所有的对齐模式，如图 4-22 所示。

下面对"对齐"工具常用的模式进行介绍。

■ 对齐：可以将当前选择与目标对象进行有条件对齐，最常使用。

■ 快速对齐：可立即将当前选择的位置与目标对象的位置对齐。

■ 法线对齐：基于每个对象上面或选择的法线方向将两个对象对齐。

■ 放置高光：可将灯光或对象对齐到另一对象，以便精确定位其高光或反射。

■ 对齐摄影机：可以将摄影机与选定的面法线对齐。

■ 对齐到视图：可将对象或子对象选择的局部轴与当前视口对齐。

下面以装饰画的对齐为例，介绍"对齐"工具的使用方法。

图 4-22

步骤 01 选择对象。调用"选择"或"选择并移动"工具，接着选择需要对齐的樱桃模型，如图 4-23、图 4-24 所示。

图 4-23　　　　　　　　　　　　　　图 4-24

步骤 02 执行对齐命令。按键盘上的 Alt+A 快捷键，再选择目标对象即盘子模型，系统会弹出"对齐当前选择"对话框。

步骤 03 设置对齐参数。在"对齐位置（世界）"选项组里设置需要对齐的轴向、当前对象和目标对象的对齐方式，如图 4-25、图 4-26 所示。

图 4-25　　　　　　　　　　　　　　图 4-26

【温馨提示】

"对齐"工具的对齐方式主要有以下三种。
- 最小/最大对齐：将对象的最小或最大边界与目标对象的相应边界对齐。
- 中心对齐：将对象的中心点与目标对象的中心点对齐。
- 轴点对齐：将对象的轴点与目标对象的轴点对齐。

4.4 镜像

在建模工作中，常常遇到有一些对称结构的模型，此时用户可以通过 3ds Max 的"镜像"工具快速创建出精确的对称模型。

"镜像"工具的按钮图标 位于 3ds Max 视图界面上方的工具栏，下面以图形的镜像为例，介绍"镜像"工具的使用方法。

步骤 01 选择对象。按 Q 键，执行"选择"命令，在顶视图中选择需要镜像的半星形图形对象，如图 4-27 所示。

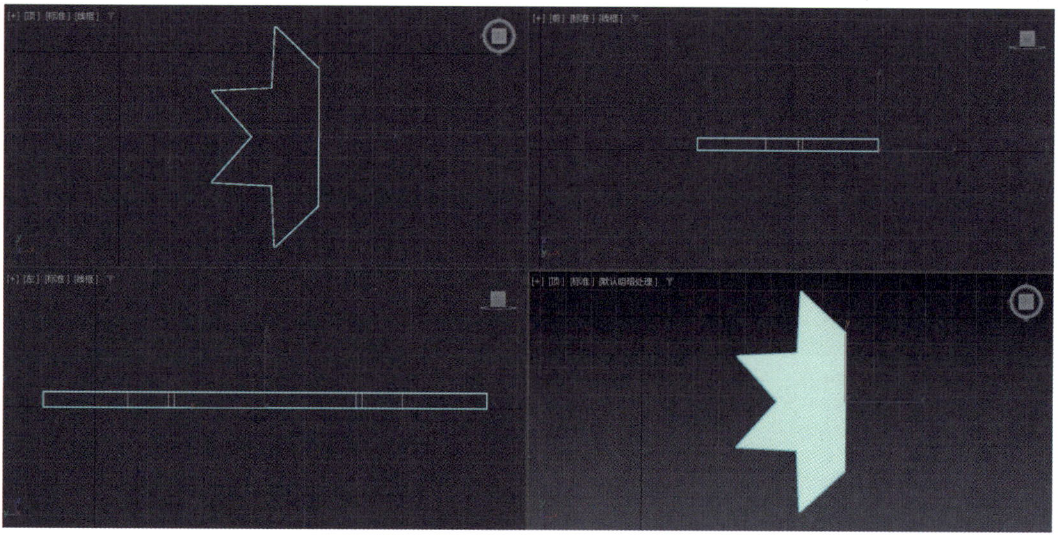

图 4-27

步骤 02 执行镜像命令。单击工具栏上的"镜像"工具的按钮图标 ，系统将弹出"镜像：屏幕坐标"对话框，如图 4-28 所示。

图 4-28

步骤 03 设置镜像参数。设置对话框中的镜像参数，然后单击"确定"按钮。在设置参数时，活动视口会显示对应参数执行的效果，如图 4-29 所示为选择"不克隆"选项的效果。如选择"复制"选项，则图形将变为完整的星形，如图 4-30 所示。在单击"确定"按钮后，3ds Max 会创建用户在预览中看到的镜像效果。

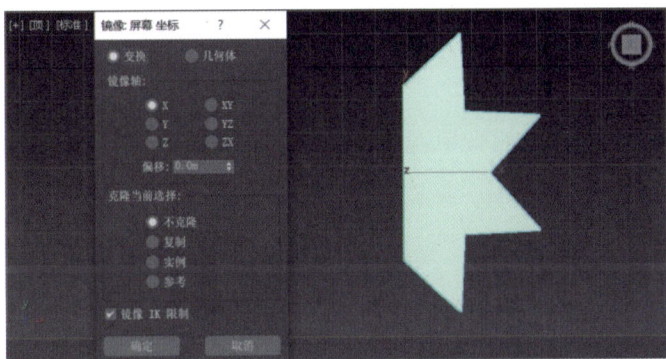

图 4-29

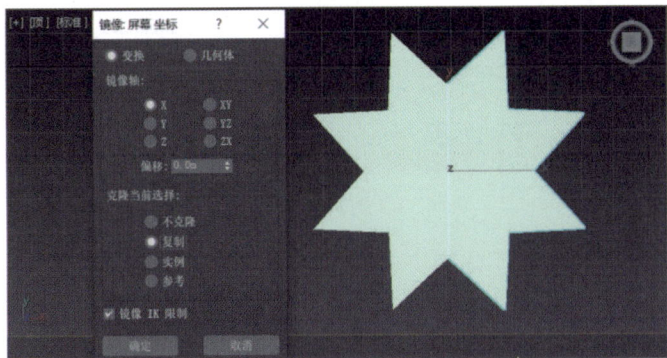

图 4-30

4.5 阵列

在 3ds Max 中，"阵列"工具是一种高效的建模辅助工具，它允许用户沿一个或多个轴方向复制、旋转和缩放对象，以创建重复的三维模型。

4.5.1 "阵列"工具

选择"工具"｜"阵列"命令，或在工具栏的空白处单击鼠标右键，选择"附加"选项，即可弹出附加工具栏，如图 4-31、图 4-32 所示。

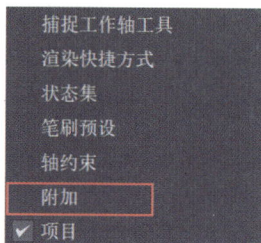

图 4-31

图 4-32

下面以茶壶的复制为例，介绍"阵列"工具的使用方法。

步骤 01 创建并选择对象。在场景中执行"创建"｜"几何体"｜"茶壶"命令，创建出茶壶对象。调用"选择"或"选择并移动"工具，选中的茶壶对象，如图 4-33 所示。

步骤 02 执行阵列。选择"工具"｜"阵列"命令，系统会弹出"阵列"对话框，如图 4-34 所示。

图 4-33

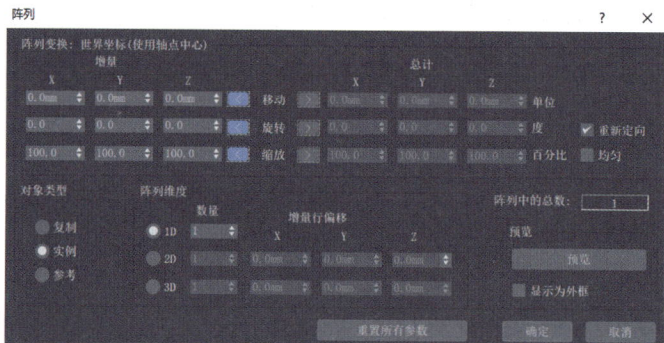

图 4-34

步骤 03 设置阵列参数。在"阵列变换"选项组中，设置沿 X、Y、Z 轴的移动增量或总移动距离；在"阵列维度"选项组中，选择 1D、2D 或 3D 阵列，并设置相应的数量。

步骤 04 预览与确认。单击"预览"按钮预览阵列效果。满意后单击"确定"按钮，应用阵列效果。不同参数下的阵列效果如图 4-35 至图 4-37 所示。

图 4-35

图 4-36

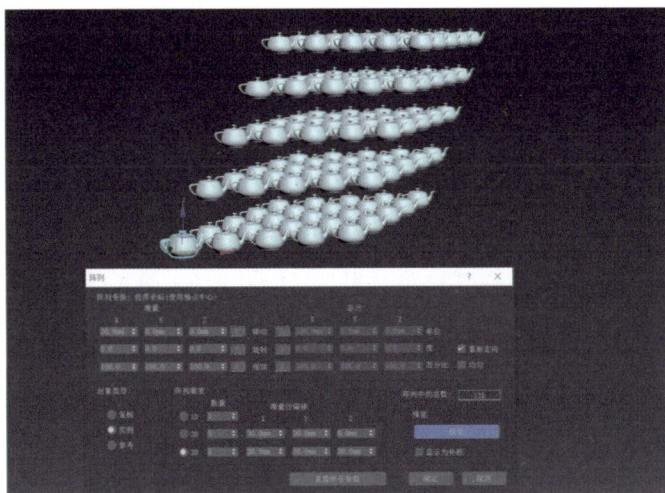

图 4-37

【温馨提示】

"阵列"工具也可以实现旋转和缩放对象。
■ 阵列旋转用于创建围绕特定轴旋转的重复对象。
■ 阵列缩放可以在复制对象的同时，逐渐改变其大小，创建渐变效果。

4.5.2 "间隔"工具

"间隔"工具可视为"阵列"工具的一种，用户利用"间隔"工具可以依据路径和一定间隔创建出重复的三维对象。下面介绍"间隔"工具的使用方法。

步骤 01 工具调用。长按"阵列"工具图标，在下拉列表中选择■■■，如图 4-38 所示。或执行"工具"│"对齐"│"间隔工具"命令，如图 4-39 所示。

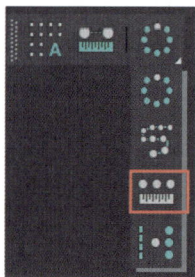

图 4-38   图 4-39

步骤 02 创建并选择对象。在场景中创建茶壶和椭圆，并选择茶壶模型，如图 4-40 所示。

图 4-40

步骤 03 设置间隔参数。在弹出的"间隔工具"对话框中单击"拾取路径"按钮，拾取椭圆形状，并设置"计数"数值，如图 4-41、图 4-42 所示。

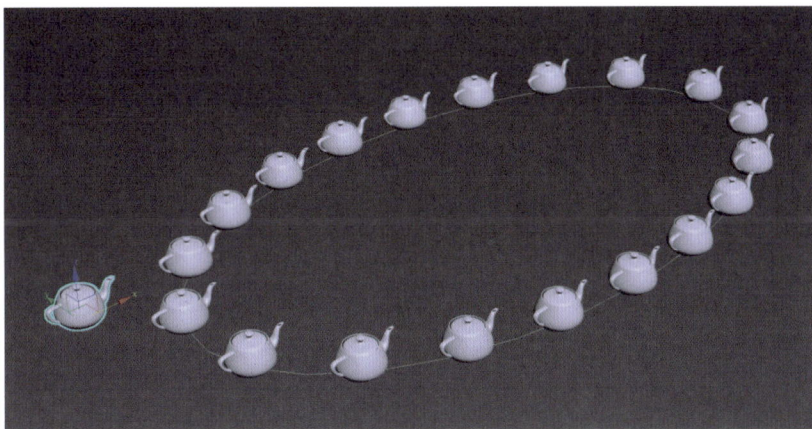

图 4-41　　　　　　　　　　图 4-42

步骤 04 应用效果。参数设置完毕，在"间隔工具"对话框中单击"应用"按钮，系统会应用当前效果。单击"关闭"按钮，即可关闭对话框，效果如图 4-43 所示。

图 4-43

课堂练习——制作饮料货架

步骤 01 打开案例文件。打开 3ds Max 案例文件后，可以观察到饮料和货架的图 4-44 所示。

图 4-44

步骤 02 执行阵列命令。选择"工具"│"阵列"命令，系统会弹出"阵列"对话框。

步骤 03 设置阵列参数。在"阵列变换"选项组中，设置沿 X、Y、Z 轴的移动增量或总移动距离；在"阵列维度"选项组中，选择 3D 阵列维度，并单击"预览"按钮，实时观察效果，如图 4-45 所示。

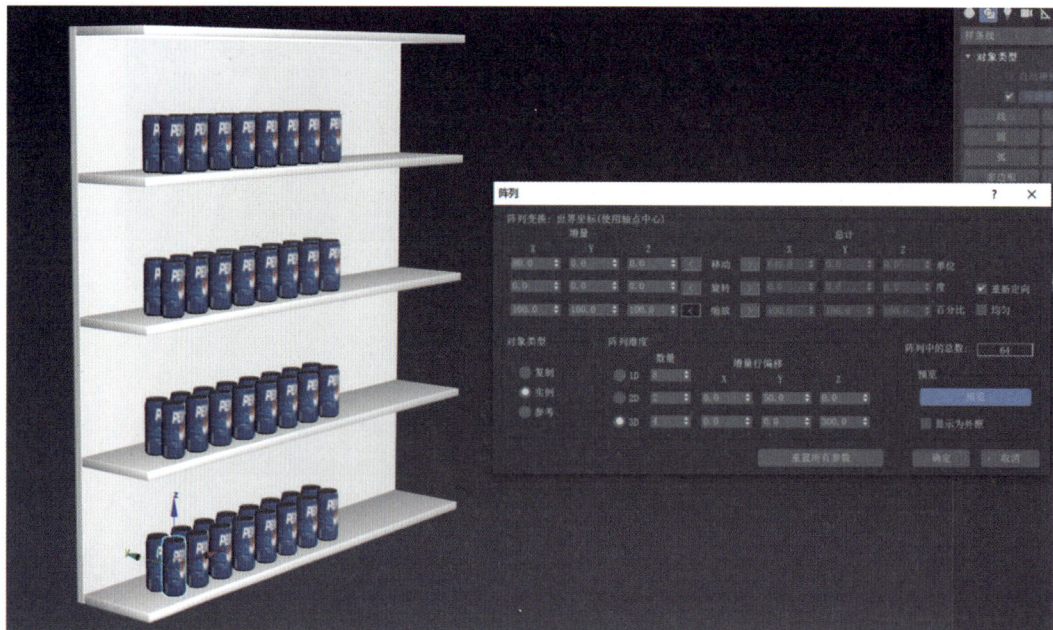

图 4-45

步骤 04 阵列参数调整。在"阵列"对话框中调整阵列参数，满意后单击"确定"按钮，不同参数下的阵列会有不同的结果，图 4-46、图 4-47 分别为阵列参数和相应的阵列效果。

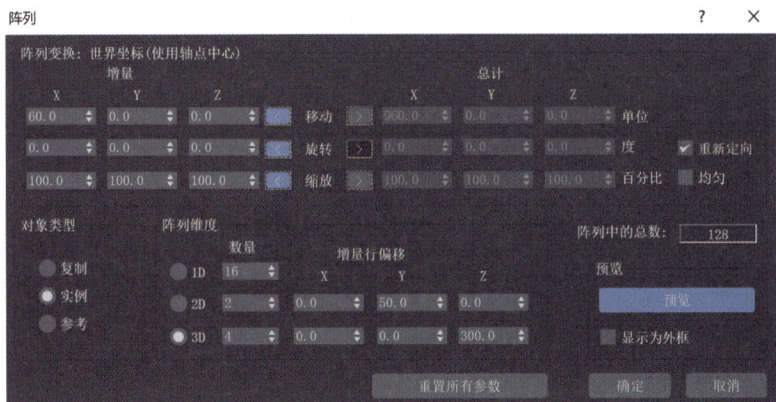

图 4-46

图 4-47

拓展训练

为了更好地掌握本章所学知识，在此列举几个与本章相关联的拓展案例，以供练习。

1. AIGC 货架效果创意表现

以课堂练习中的货架模型为基础进行变化，引导 Stable Diffusion 生成超市货架的效果。

操作提示

■ 将饮料模型删除，对简单的几何体体块进行阵列复制，如图4-48所示。

■ 引导 Stable Diffusion 生成作品。在发挥创意的同时，也要注意大模型、提示词、ControlNet 等对生成结果的影响。若想发挥 Stable Diffusion 的创意功能，则不必使用 ControlNet。

■ Stable Diffusion 中的"重绘幅度"参数越小，越能接近提供的参考图效果。

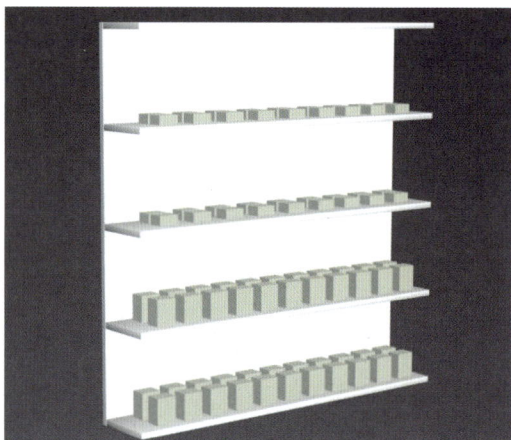

图 4-48

参考效果如图 4-49 所示。

图 4-49

2. 将物体调整至正常的比例和位置

在如图 4-50 所示的场景案例文件中，有的物体位置和大小设置不合理，如蓝莓没有放在碗里，摆放蓝莓的碗悬空，右侧碗里的勺子大小比例偏差较多。请根据问题描述，利用移动、缩放或旋转工具将物体的比例和位置调整得合理、美观。

图 4-50

操作提示

- 缩放物体时，要参考生活中物体大小比例，缩放效果才会更加合理。
- 移动物体时，尽量避免在透视图中操作，宜在前视图、顶视图、左视图中进行。
  原因是透视图中有透视关系，容易导致视觉上的误差。

参考效果如图 4-51 所示。

图 4-51

第 5 章

多边形建模

内容导读 ▣

　　多边形建模是 3ds Max 中比较常用也是比较复杂的建模方式，是进行高级建模的核心工具。多边形建模方式提供了对模型顶点、边、边界、多边形、元素的编辑控制，因此模型的可编辑性变得更为强大，有利于制作出复杂的场景模型。本章将介绍多边形建模的使用方法和操作技巧。

学习目标 🎓

∨ 掌握多边形建模的转换方法
∨ 掌握多边形建模的操作流程
∨ 熟悉多边形建模各子层级命令的作用

5.1 多边形建模基础

在 3ds Max 中，多边形建模是进行高级建模的核心环节。通过将普通对象转换为可编辑多边形，用户可以在顶点、边、边界、多边形、元素这 5 种子层级中对对象进行编辑操作，使模型发生变化，这适用于创建较为复杂的模型。

5.1.1 多边形建模的流程

多边形建模的流程相对来说比较固定，主要分为以下几个步骤。

（1）创建几何体对象。

（2）将模型转换为可编辑多边形。

（3）利用可编辑多边形的编辑功能，对模型对象的各子层级进行编辑和加工。

（4）继续细化模型直至完善。

5.1.2 可编辑多边形的转换

将 3ds Max 中的模型变为可编辑多边形，需要进行相应的转换操作，主要方法有以下几种。

1. 右键快捷菜单转换

用户可以选中目标对象，在目标对象上右击鼠标，在弹出的快捷菜单中选择"转换为"|"转换为可编辑多边形"命令，即可实现将普通对象转换为可编辑多边形，如图 5-1 所示。使用这种转换方法，会丢失对象的原始参数设置。

2. 堆栈转换

选择对象后，在其"修改"面板的堆栈中右击鼠标，在弹出的快捷菜单中选择"可编辑多边形"命令，即可实现转换，如图 5-2 所示。同样，使用这种转换方法会丢失之前的所有参数设置。

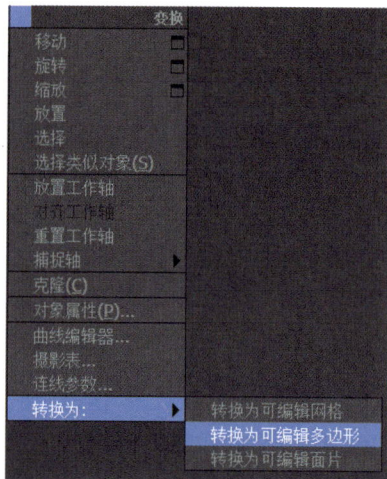

图 5-1

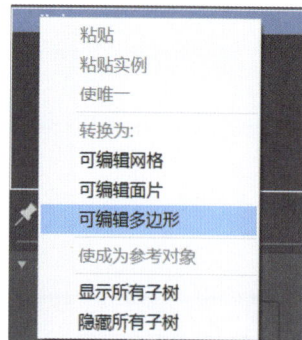

图 5-2

3. 利用修改器创建

在"修改"面板的修改器列表中选择"编辑多边形"命令，可以实现可编辑多边形的转换，如图5-3所示。这种转换方法的特点是会保留之前模型的参数。

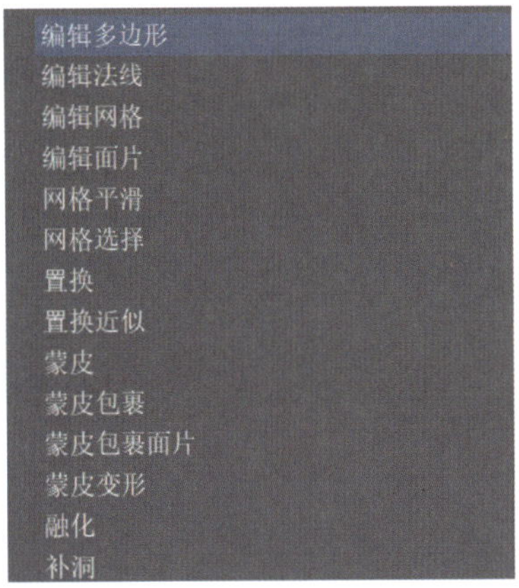

5.1.3 可编辑多边形的功能参数

当模型对象转换为可编辑多边形后，"修改"面板中会出现多个参数卷展栏，包括"选择""软选择""编辑几何体""细分曲面""细分置换""绘制变形"等，如图5-4所示。

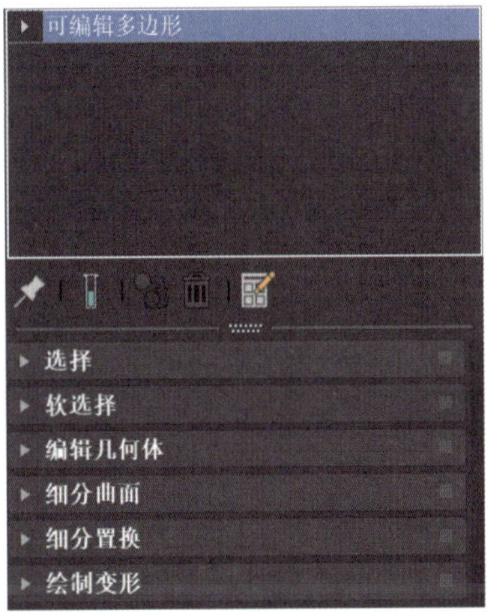

下面介绍可编辑多边形各主要卷展栏的作用。

- "选择"卷展栏：可进行不同子层级的显示设置及参数修改。
- "软选择"卷展栏：可通过曲线控制影响范围与强弱。
- "编辑几何体"卷展栏：提供了用于几何体整体修改的选项及命令。
- "细分曲面"卷展栏：可以将细分应用于采用网格平滑的对象，同时可以查看更为平滑的细分结果。
- "细分置换"卷展栏：用于细分可编辑多边形对象的曲面近似设置。
- "绘制变形"卷展栏：可以在对象曲面上拖动光标来移动顶点，从而使对象发生变化。

图 5-3

图 5-4

5.2 "选择"卷展栏

用户将模型对象转换为可编辑多边形后，进入"修改"面板，选择"选择"选项，即可展开"选择"卷展栏，如图5-5所示。在"选择"卷展栏中，用户可以选择任意子层级进行进一步编辑。

"选择"卷展栏由5个子层级构成，分别为"顶点""边""边界""面""元素"，其对应的快捷键分别为键盘上的1键、2键、3键、4键、5键。

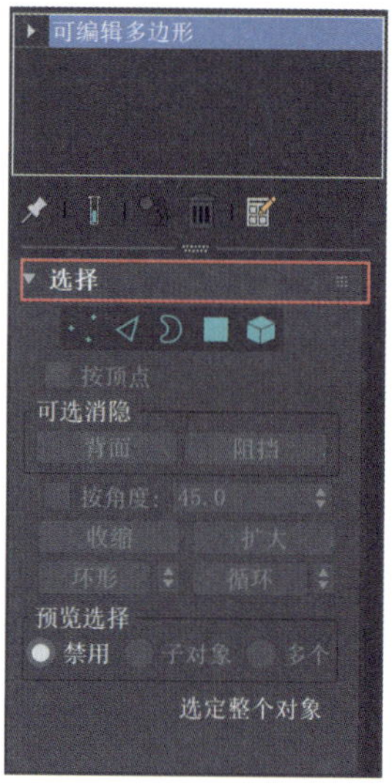

图 5-5

5.3 "软选择"卷展栏

用户将模型对象转换为可编辑多边形后，进入"修改"面板，选择"软选择"选项，即可展开"软选择"卷展栏，其参数如图 5-6 所示。在"软选择"卷展栏中，用户可以控制软选择是否启用，以及软选择的影响权重等参数。其中，红色点为选择点，影响最大；蓝色点影响最小；中间颜色点其与选择点的距离越近，影响大小越小，如图 5-7 所示。

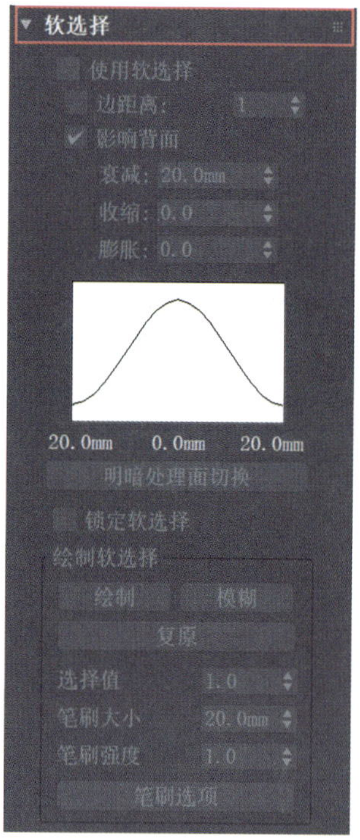

图 5-6

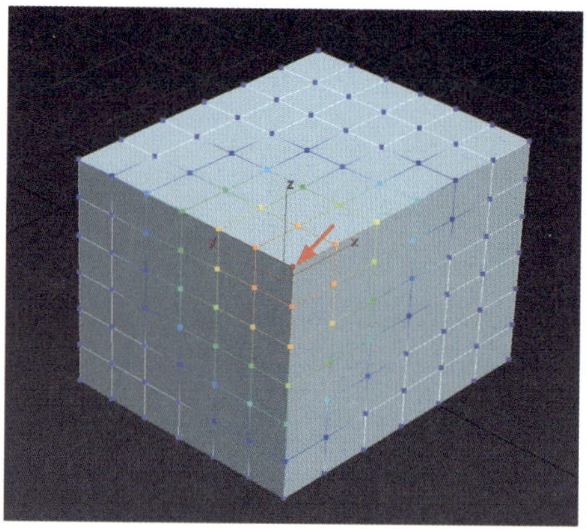

图 5-7

5.4 "编辑几何体"卷展栏

用户将模型对象转换为可编辑多边形后，进入"修改"面板，选择"编辑几何体"选项，即可展开"编辑几何体"卷展栏，其参数如图 5-8 所示。"编辑几何体"卷展栏提供了用于所有子对象级别编辑的全局控件。这些控件在所含的各子对象级别中用法相同，只是因子对象特性不同，其启用数量会略有差别。

下面介绍可编辑多边形"编辑几何体"卷展栏的主要参数。

- ■ "创建"：创建新的几何体，其使用方式取决于不同的层级。
- ■ "塌陷"：焊接顶点，使连续选定子对象的组产生塌陷，其仅限于"顶点""边""边界"和"多边形"层级的使用。
- ■ "附加"：使场景中的其他对象归属于选定的对象。通常，每个附加对象都将成为多边形对象的一个元素。
- ■ "分离"：将选定的子对象和关联的多边形分离为新对象或元素。
- ■ "切片"：在切片平面位置处执行切片操作。只有启用"切片平面"时，才能使用该工具。
- ■ "网格平滑"：使用当前设置平滑对象，其功能与网格平滑修改器类似。
- ■ "细化"：根据"细化"设置细分对象中的所有多边形。

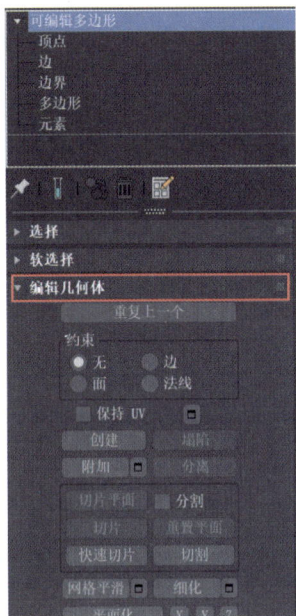

图 5-8

5.5 "编辑子层级"卷展栏

"编辑子层级"卷展栏提供了编辑相对应的各子层级特有的功能，用于编辑各子层级参数的属性，其中包括"编辑顶点""编辑边""编辑边界""编辑多边形"和"编辑元素"卷展栏，如图 5-9 至图 5-13 所示。

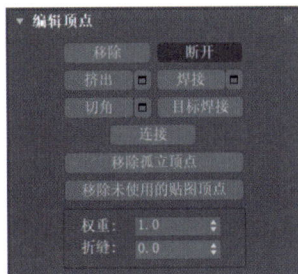

图 5-9

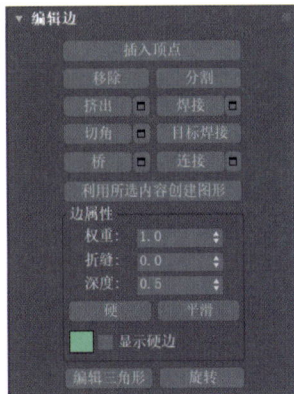

图 5-10

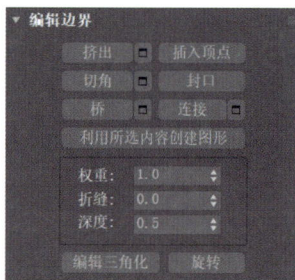

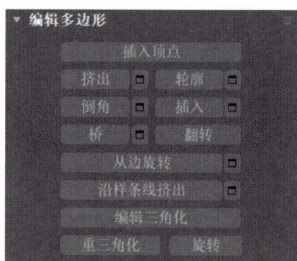

图 5-11　　　　　　　　　　图 5-12　　　　　　　　　　图 5-13

"编辑子层级"卷展栏常用的参数选项介绍如下。

- "移除"：可移除所选顶点或边。与直接使用 Delete 键删除不同，使用"移除"功能时，模型的表面保持不变，不会在网格中留下空洞，如图 5-14、图 5-15所示。

- "断开"：允许将选中的顶点从相连的多边形中的转角分开，创建新的顶点。这对于创建复杂的几何结构非常有用，将长方体顶点断开后并移动的效果如图 5-16所示。

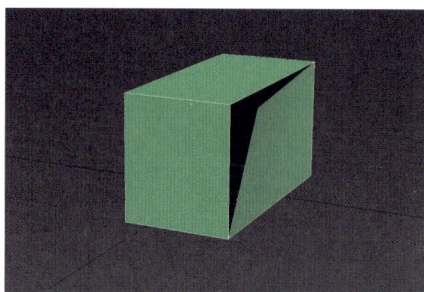

图 5-14　　　　　　　　　　图 5-15　　　　　　　　　　图 5-16

- "焊接"：可以将多个顶点焊接成一个顶点。通过设置焊接阈值，可以控制哪些顶点被焊接。这对于优化模型的结构和减少不必要的顶点非常有用。

- "挤出"：可以在"顶点""边""边界"和"多边形"层级下进行挤出。既可以手动挤出，也可以单击其后的"设置"按钮设置参数进行精确挤出。以圆柱体体模型为例，"顶点""边""多边形"层级下的挤出效果如图 5-17 至图 5-19所示。

- "切角"：可以在"顶点""边"和"边界"层级下进行切角。

- "目标焊接"：允许将一个顶点焊接到另一个顶点，这有利于精确控制顶点位置和模型细节。

- "连接"：可在"顶点""边"和"边界"层级下单击该按钮，从而在选定的子层级之间创建新的边，以连接模型的不同部分。以正方体模型为例，"顶点""边"层级下的连接效果如图 5-20 至图 5-22 所示。

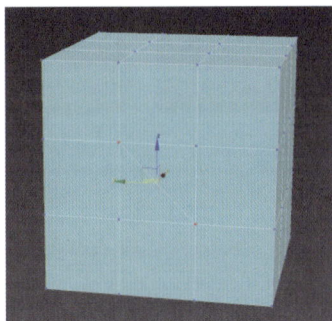

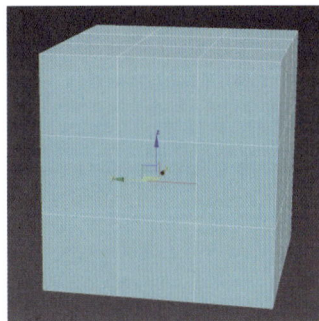

图 5-17　　　　　　　　　图 5-18　　　　　　　　　图 5-19

图 5-20　　　　　　　　　图 5-21　　　　　　　　　图 5-22

- ■ "桥"：在选定的边、面之间生成新的多边形，形成"桥接"的效果。以正方体模型为例，其演示效果如图 5-23 至图 5-25 所示。

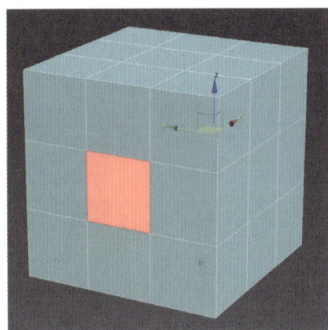

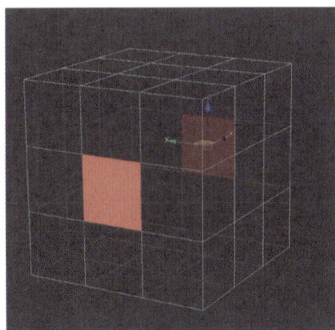

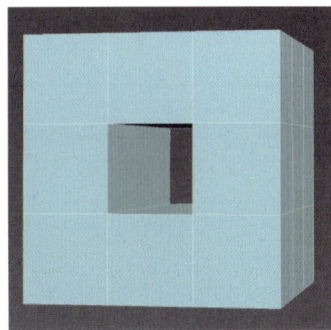

图 5-23　　　　　　　　　图 5-24　　　　　　　　　图 5-25

- ■ "倒角"：对选定的边进行倒角操作。可以设置倒角的深度和高度，能用于创建斜面或细节。
- ■ "插入"：执行没有高度的倒角操作，即在选定多边形的平面内执行操作，可用于细分边界并增加细节。

5.6 其他卷展栏

相对于上文介绍的卷展栏，其他卷展栏（如"细分曲面"卷展栏、"细分置换"卷展栏、"绘制变形"卷展栏）在室内效果图设计工作中应用较少，这里就不作过多介绍了，其参数如图 5-26 至图 5-28 所示。

图 5-26　　　　　　图 5-27　　　　　　图 5-28

课堂练习——转角窗的制作

转角窗是常见的窗户类型，其建模方法大体上与普通窗相同，但又因其具有转角形式，在建模细节上有其独有的特点。

步骤 01 打开案例文件。定位到转角窗区域，查看效果，如图 5-29、图 5-30 所示。

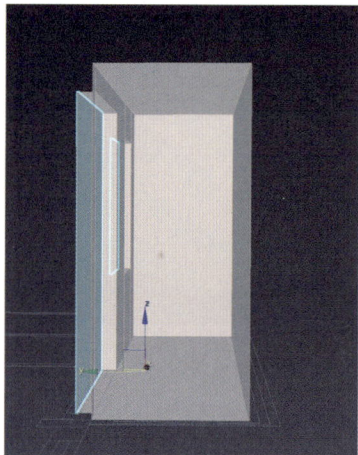

图 5-29　　　　　　　　　　　　　　图 5-30

步骤 02　分离并孤立转角窗墙体。选中模型，进入"多边形"子层级，选中转角窗所在的墙体，执行"分离"命令，系统会弹出"分离"对话框，单击"确定"按钮即可分离对象，如图 5-31 所示。接着，可赋予对象不同颜色以方便观察，如图 5-32 所示。

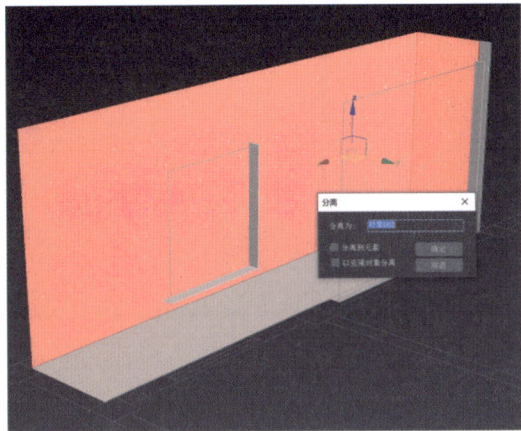

图 5-31

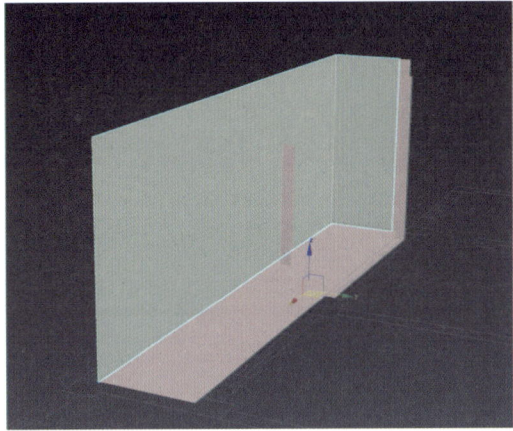

图 5-32

步骤 03　划分转角窗轮廓线。按键盘上的 Alt+Q 快捷键，执行"孤立"命令，孤立出转角窗墙体。进入"边"子层级，划分转角窗轮廓线，调整上方窗线的 Z 轴坐标为"2400mm"，调整下方窗线的 Z 轴坐标为"300mm"，如图 5-33 所示。进入"多边形"子层级，选中转角窗窗扇，并以"局部法线"的方式挤出窗台厚度的多边形，如图 5-34 所示。

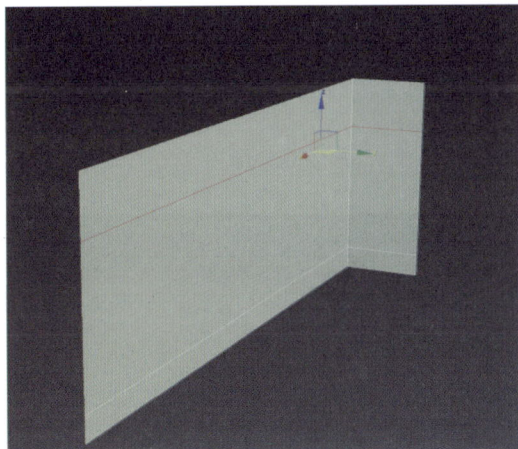

图 5-33

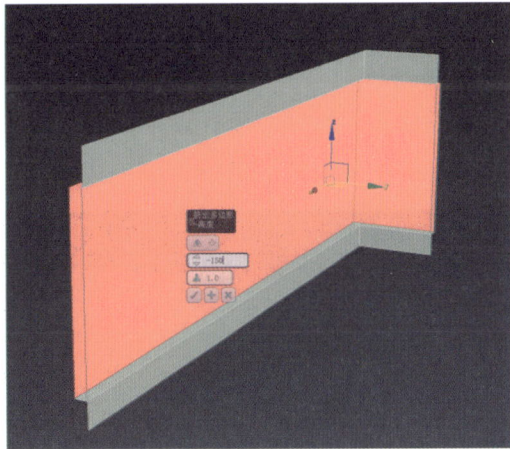

图 5-34

步骤 04　分离对象。分离转角窗轮廓的多边形并赋予不同颜色，如图 5-35、图 5-36 所示。

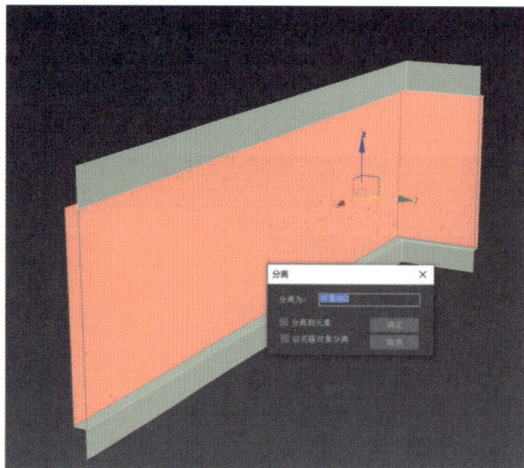

图 5-35

图 5-36

步骤 05 划分转角窗窗扇。进入窗扇部分的可编辑多边形"边"子层级，按需要形式划分连接线，形成若干独立的小窗扇，如图 5-37 所示。

步骤 06 制作窗扇结构。在"多边形"子层级下选择所有窗体，右击鼠标，执行"倒角"命令，设置"倒角模式"为"按多边形"，设置"轮廓"为"-30mm"，设置"高度"为"-30mm"。接着继续设置"轮廓"为"-20mm"，设置"高度"为"-20mm"，单击"应用"按钮，窗扇结构制作完成，如图 5-38、图 5-39 所示。

图 5-37

图 5-38

图 5-39

步骤 07 分离玻璃并赋予材质。进入"多边形"子层级，分离出窗玻璃的部分，如图 5-40 所示。将玻璃、窗框、墙体分别赋予不同的材质，转角窗制作完成，如图 5-41 所示。

图 5-40　　　　　　　　　　　　　　　　图 5-41

拓展训练

为了更好地掌握本章所学知识，在此列举几个与本章相关联的拓展案例，以供练习。

1.AIGC 生成油画艺术品

利用 Stable Diffusion，为 3ds Max 场景中的画框制作油画作品。

操作提示

- 正向提示词参考："Landscape oil painting,square decorative painting,Minimalism, masterpiece,best quality"，对应的中文翻译为"风景油画、方形装饰画、极简主义、杰作、最高质量"。

- 反向提示词参考："worst quality,low quality,normal quality,jpeg artifacts,signature, watermark,username, blurry,Frame"，对应的中文翻译为"最差质量、低质量、中等质量、jpeg 伪影、签名、水印、用户名、画框"。

参考效果如图 5-42 所示。

图 5-42

2. 画框效果制作

利用 3ds Max 可编辑多边形中的"倒角"命令制作有造型变化效果的油画相框。

操作提示

- 在左视图或前视图中创建长方体模型，并将其转换为可编辑多边形。
- 在可编辑多边形中的"多边形"子层级，执行"插入"命令，分出画框的结构和画作的区域。
- 在可编辑多边形中的"多边形"子层级，执行"倒角"命令，制作出画框的结构变化细节。
- 将画作区域和主体分离，方便赋予材质进行表现。

参考效果如图 5-43 所示。

图 5-43

第6章

材质、灯光与环境

内容导读 📖

　　材质、灯光与环境对于表现场景中物体的结构轮廓、材料质感、环境氛围至关重要。本章将介绍材质、灯光、摄影机、环境在 3ds Max 中的设置方法。读者通过学习，可以深入了解常用的材质效果的调法、VRay 的灯光类型，以及布光技巧和环境的创设，实现理想的空间表现效果。

学习目标 🎓

- ∨　理解材质和灯光的关系
- ∨　熟悉 V-Ray 材质的主要参数
- ∨　掌握常用 V-Ray 材质的调法
- ∨　掌握常用的贴图技术
- ∨　掌握常用的灯光技术
- ∨　掌握摄影机和环境的设置方法

6.1 材质和灯光基础

在真实世界中，材质和灯光是视觉感受得以形成的关键元素，同时，两者也是相辅相成的关系——没有灯光，看不清材质；没有材质，灯光也无法被接收和反射。由于 3ds Max 的渲染器都力求表现真实世界的效果，软件中遵循真实世界的光学环境原理，材质与灯光自然也存在着紧密联系。用户在进行材质、灯光的创建和调节时，需要同时考虑两者的关系，从而得到更加合适的效果。

6.1.1 材质、灯光的基本原理

材质，即一个物体看起来是什么样的样貌和质感，它决定了物体表面的视觉特性。例如两组相同大小的水杯，一组是陶瓷的，一组是玻璃的。它们虽具有同样的功能和同样的大小，但呈现给人们的视觉感知是不一样的——一组是陶瓷的材质，一组是透明的材质，所以这两组水杯最大的区别在于其材质不同，如图 6-1 和图 6-2 所示。

图 6-1

图 6-2

不同的材质展现了不同的视觉效果。同样，灯光对于物体的表现也有着重要的影响。灯光决定了场景中的照明效果，包括光线的方向、强度、颜色和阴影。即使是一模一样的材质，由于灯光的不同，其展现的效果也有很大差别，如图 6-3 和图 6-4 所示。不同的光源类型，例如点光源、聚光灯和平行光，对环境的气氛也起着不可忽视的作用，每种光源都有其特定的表现效果。

在 3ds Max 中，用户可以通过渲染工具对材质和灯光进行属性设置，以呈现出想要的表现效果。

图 6-3

图 6-4

6.1.2 材质编辑器概述

材质编辑器是 3ds Max 设置贴图和进行材质编辑的主要工具。用户在工具栏中单击"材质编辑器"按钮，或按键盘上的 M 键，即可进行调用。默认状态下，调用的材质编辑器为 Slate 材质编辑器，如图 6-5 所示。此外，还有另一种经常使用的模式为精简材质编辑器。执行材质编辑器菜单栏中的"模式"｜"精简材质编辑器"命令，如图 6-6 所示，即可进行 Slate 材质编辑器与精简材质编辑器的切换。精简材质编辑器的界面如图 6-7 所示。

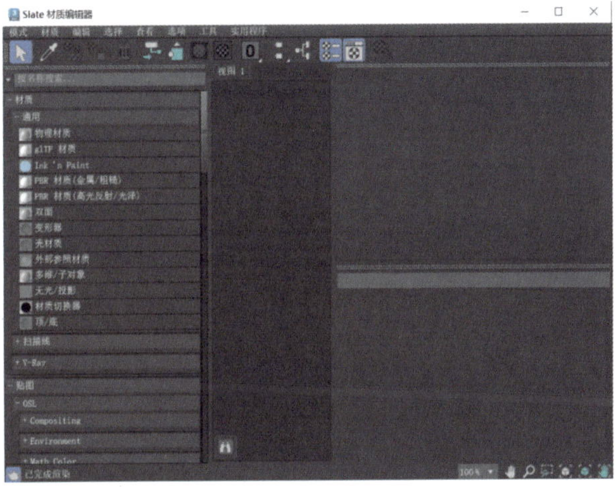

图 6-5

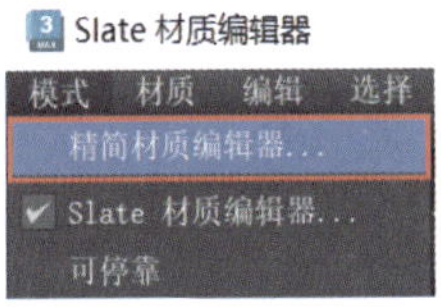

图 6-6

图 6-7

> **知识拓展** **Slate 材质编辑器和精简材质编辑器的特点**
>
> Slate 材质编辑器的特点如下。
> - 功能强大，适合创建复杂的材质和贴图。
> - 基于节点的界面，允许用户通过拖放节点来构建材质。
> - 支持搜索工具，方便管理大量材质。
>
> 精简材质编辑器的特点如下。
> - 界面简洁，适合快速应用预设材质。
> - 显示的示例球，可直接用于预览材质效果。
> - 通过拖放操作，可以快速将材质应用到场景中的对象。

6.1.3 材质编辑器界面

下面以精简材质编辑器为例，介绍 3ds Max 中材质编辑器界面的常用功能和参数。

精简材质编辑器由 5 个主要部分组成：菜单栏、材质球示例窗、工具栏、参数面板，如图 6-8 所示。

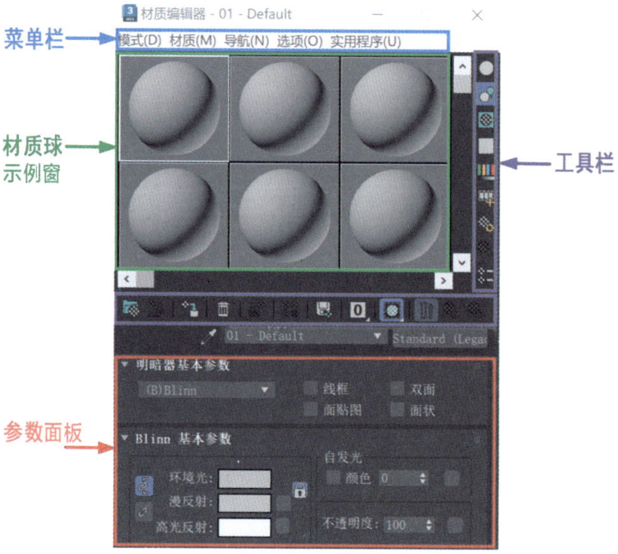

图 6-8

> 【温馨提示】
>
> 在 3ds Max 中，系统自带和依附于渲染器的材质有多种，在默认状态下，材质类型为 Standard（标准材质）。标准材质的功能不算强大，但参数简单，适合做一些面积较大而反光性不突出的效果，如乳胶漆、普通壁纸。

1. 菜单栏

菜单栏位于材质编辑器界面的顶部位置，提供了各种材质工具的调用命令。菜单栏由"模式""材质""导航""选项"和"实用程序"5 个菜单组成。

■ "模式"菜单：用于 Slate 材质编辑器和精简材质编辑器之间的切换，如图 6-9 所示。

■ "材质"和"导航"菜单：这两个菜单所包含的命令主要用于管理材质和贴图，其中大多数功能和下方及右侧的工具栏相同，如图 6-10 和图 6-11 所示。

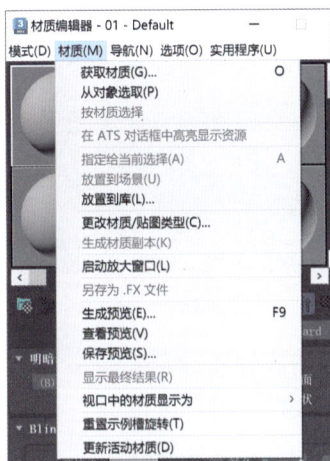

图 6-9　　　　　　　　　　　　图 6-10　　　　　　　　　　　　图 6-11

■ "选项"菜单：可进行材质编辑器相关选项的设置，如"循环 3X2、5X3、6X4 示例槽"命令可进行材质球示例窗中示例数目的改变。材质球示例窗最多的显示数量为 24 个，如图 6-12 所示。

■ "实用程序"菜单：提供了材质编辑的一系列实用的功能。如"重置材质编辑器槽"命令可将材质编辑器槽恢复至初始状态，如图 6-13 所示。

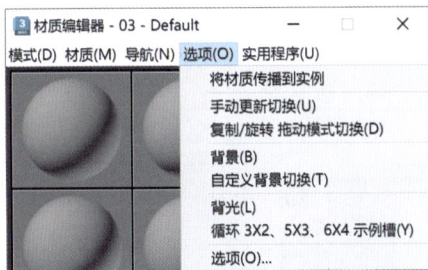

图 6-12

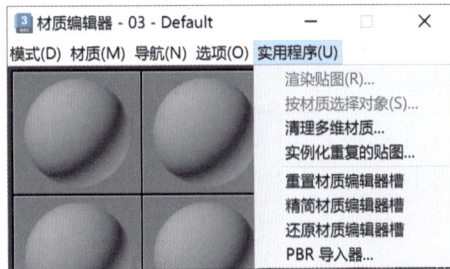

图 6-13

2. 材质球示例窗

材质球示例窗显示了场景中材质的效果，给用户提供了直观的预览方式。材质球示例窗的每个小窗口都是一个可以独立显示材质效果的区域。材质编辑器中的一些菜单和工具命令可以直接影响材质球示例窗的显示效果和显示状态，下面进行介绍。

- 采样数目：默认情况下，系统选择 3X2 材质球示例窗。用户可以右击材质球示例窗，在弹出的快捷菜单中进行示例窗显示数量的选择，如图 6-14 所示。单击对应选项即可进行切换，不同显示数量的示例窗效果如图 6-15 至图 6-17 所示。

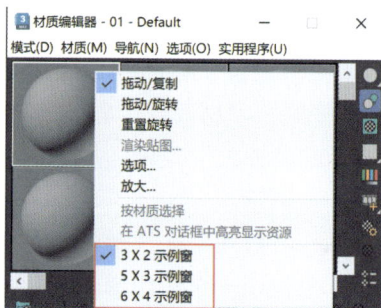

图 6-14

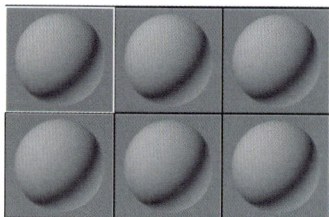

图 6-15

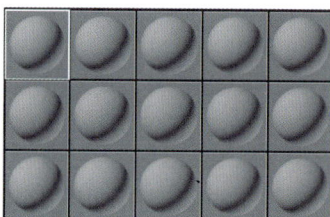

图 6-16

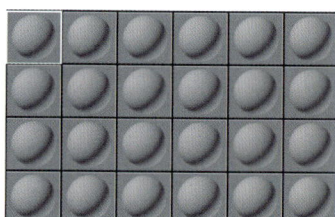

图 6-17

- 采样类型：默认情况下，系统在材质球示例窗的材质是依托球体进行显示的。用户可以通过单击材质编辑器界面右侧的工具"采样类型"图标 ◉ 来更改示例窗显示的采样类型，图 6-18 所示为"球体""圆柱体"和"正方体"三种不同采样类型的效果。

图 6-18

【温馨提示】

　　双击对应的材质球示例窗，系统可以提供更大的预览区域，方便用户观察材质的精细效果。此外，也可以右击鼠标，在弹出的快捷菜单中选择"放大"命令，如图 6-19 和图 6-20 所示。材质预览区域的大小可以根据需要进行拖动调节。但值得注意的是，材质预览区域并不是越大越好，该区域越大，系统显示材质效果所消耗的计算时间也相应延长。在实际工作中，应保持适合的材质预览区域大小，满足观察材质效果的需求即可。

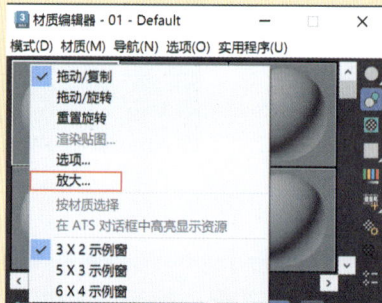

图 6-19

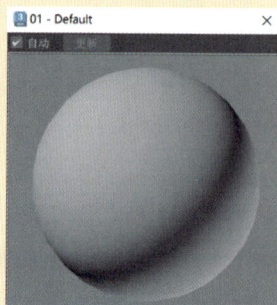

图 6-20

3. 工具栏

材质编辑器中的工具栏分布在材质球示例窗的下侧和右侧区域。工具栏包含了一些常用的材质编辑控件，为材质的编辑和管理提供便利。下面对常用的工具进行介绍。

- 获取材质：单击"获取材质"按钮，打开"材质/贴图浏览器"面板，如图 6-21 所示。用户可以根据需要，在此面板中选择需要施加的材质和贴图类型。
- 将材质放入场景：在编辑材质之后更新场景中的材质。
- 将材质指定给选定对象：将材质球示例窗中的材质应用于场景中的选定对象。
- 重置贴图/材质为默认设置：可将材质球示例窗中的材质重置为默认状态。
- 使唯一：可以使贴图实例成为唯一的副本。
- 放入库：可将选定的材质添加到当前的库中。
- 视口中显示明暗处理材质：可以切换贴图在视口中的显示方式。
- 转到父对象：可以在当前材质中向上移动一个层级。
- 转到下一个同级项：可以在当前材质相同的参数层级间进行切换。
- 采样类型：用来更改示例窗中显示的采样类型，包括球体、圆柱体和正方体三种类型。
- 背光：将背光效果添加到示例窗中。默认状态下，此按钮处于开启状态。
- 背景：启用"背景"选项后，材质球示例窗的背景处会出现基本色的纯色色块，用户可以借助背景功能来更好地观察透明、金属及高反射材质的表现效果。如图 6-22 所示为第一个材质球示例窗开启"背景"选项的效果。

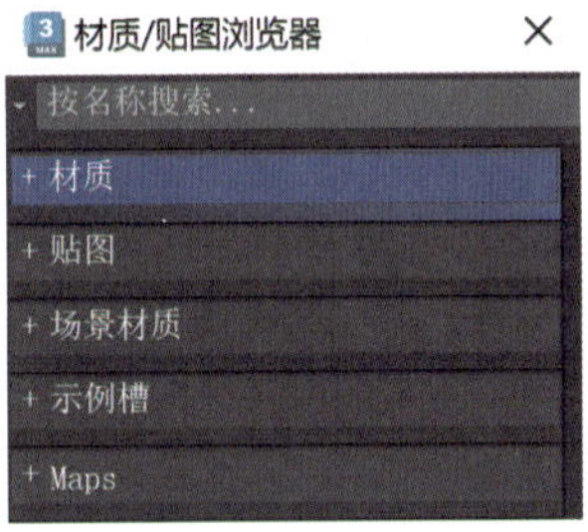

图 6-21

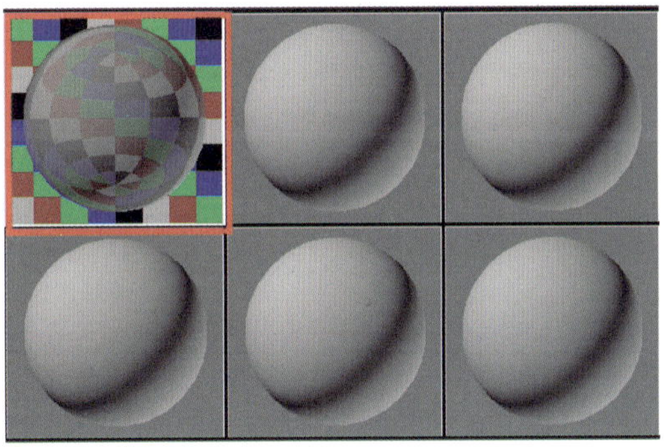

图 6-22

- 视频颜色检查：用于检查示例对象上材质颜色的鲜艳程度是否超出了色域范围。
- 选项：可单击打开"材质编辑器选项"对话框，进行相应参数和命令的设置，如图 6-23 所示。

4. 参数面板

参数面板位于材质编辑器界面的下部，包含了众多核心参数卷展栏。值得注意的是，不同材质类型的参数卷展栏，参数也有所不同。图 6-24 为 Standard（标准材质）的材质编辑卷展栏，主要包括"明暗器基本参数""Blinn 基本参数""扩展参数""超级采样"和"贴图"卷展栏。

图 6-23

图 6-24

6.2 材质类型

当 V-Ray 安装完毕后，在"材质/贴图浏览器"面板中可以观察到 3ds Max 所支持的三种类型的材质，即"通用"材质、"扫描线"材质及 V-Ray 材质，如图 6-25 所示。这三种类型的材质功能有所不同，下面对其整体情况进行简要介绍。

6.2.1 "通用"材质

"通用"材质适用于除自带材质的渲染器之外的大多数渲染器，该类型的材质可以为各种模型对象制作不同质

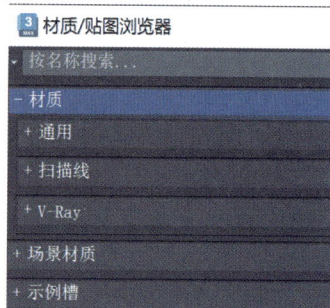

图 6-25

感的材质效果。用户可以按 M 键调用材质
编辑器，接着单击材质类型切换按钮，如
图 6-26 所示，调出"材质 / 贴图浏览器"
面板。然后再选择"材质"｜"通用"选项，
找到合适的材质后并双击，即可选择和调
用相关通用材质，如图 6-27 所示。

图 6-26

图 6-27

6.2.2 "扫描线"材质

"扫描线"材质一般配合默认扫描线
渲染器使用，可以表现真实的光线跟踪和
质感。用户可以打开"材质 / 贴图浏览器"
面板，接着选择"材质"｜"扫描线"｜"标
准（旧版）"选项，双击即可选择和调用
扫描线材质，如图 6-28 所示。调用后的
材质编辑器如图 6-29 所示。

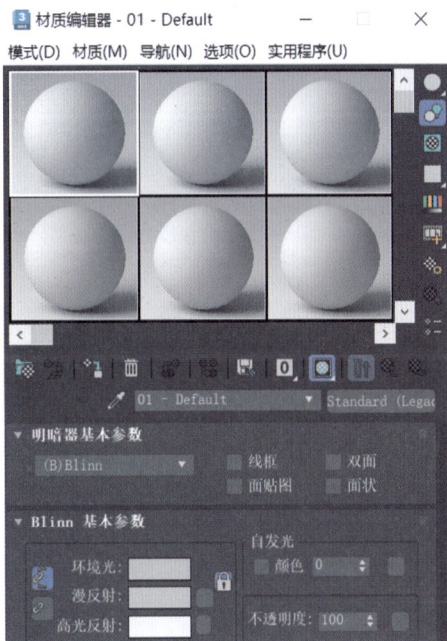

图 6-28

图 6-29

6.2.3 V-Ray 材质

V-Ray 材质是 V-Ray 渲染器的专用材质。V-Ray 渲染器是当前市场中的一款主
流渲染器插件，它以高质量渲染效果赢得了专业人士的广泛认可。基于 V-Ray 内核开
发的有 V-Ray for 3ds Max、Maya、Sketchup、CINEMA 4D 等多个版本。

131

3ds Max 中的 V-Ray 材质只有在安装并调用出 V-Ray 渲染器时才可以显示和使用。用户可以打开"材质/贴图浏览器"面板,接着选择"材质"丨"V-Ray"丨"VRayMtl"或其他 V-Ray 材质,如图 6-30 所示。然后再双击鼠标,即可调用 V-Ray 材质,调用后的材质编辑器如图 6-31 所示。V-Ray 材质的使用方法在后文有专门介绍。

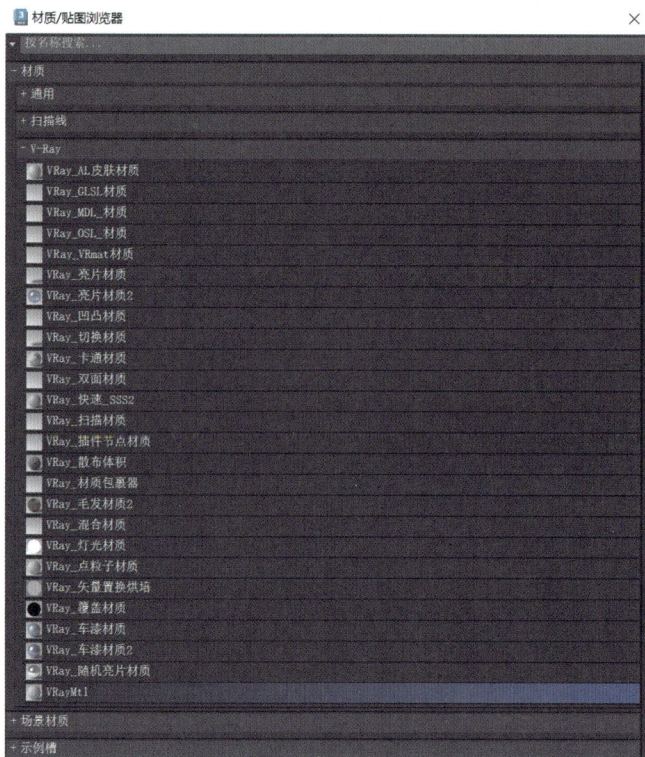

图 6-30

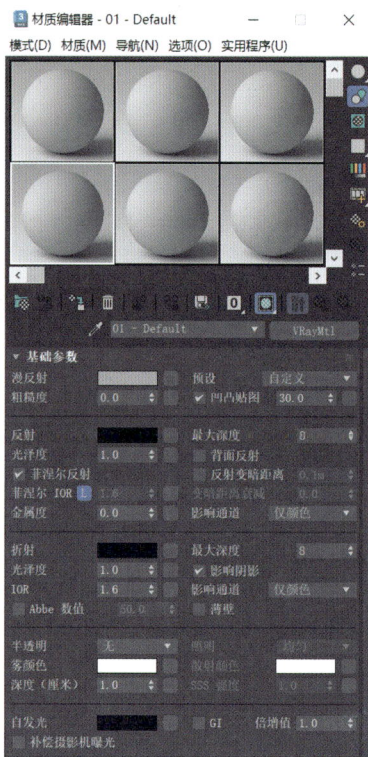

图 6-31

6.3 V-Ray 材质的制作

V-Ray 渲染器的 V-Ray 材质提供了广泛的属性和实用的控制选项,可以实现极其逼真的渲染效果。V-Ray 材质支持复杂的纹理贴图及高级光照和反射效果,适用于建筑可视化和产品渲染,能够产生高质量的渲染输出。

6.3.1 指定 V-Ray 渲染器

安装过 V-Ray 渲染器的前提下,在使用 V-Ray 材质和进行渲染前,首先需进行系统的设置。用户需将当前渲染器指定为 V-Ray 渲染器,具体操作步骤如下。

步骤 01 选择"渲染"|"渲染设置"命令，或直接按键盘上的F10键，即可打开"渲染设置"对话框，如图6-32所示。

步骤 02 在"目标"下拉列表中选择"产品级渲染模式"，同时在"渲染器"下拉列表中选择"V-Ray 6，update 2"，如图6-33所示。

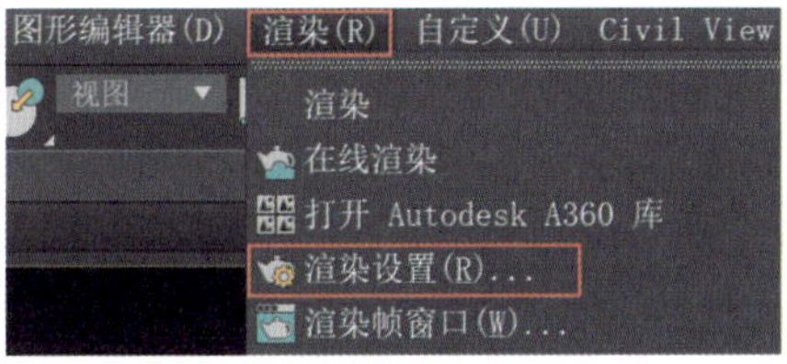

图 6-32

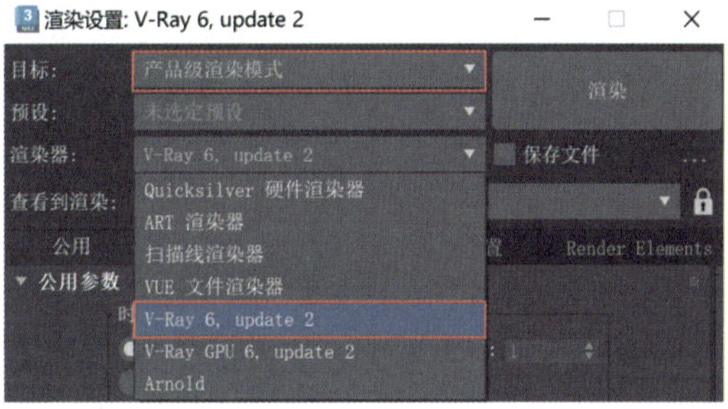

图 6-33

【温馨提示】

　　由于版本信息的不同，渲染设置选项中可供选择的 V-Ray 渲染器的名称和代号也不同。如果用户安装的不是"V-Ray 6，update 2"版本，则选择对应的其他版本即可。

步骤 03 在"渲染设置"对话框的"公用"选项卡"指定渲染器"卷展栏的"产品级"下拉列表中，选择"V-Ray 6，update 2"。同时，在"ActiveShade"下拉列表中选择"扫描线渲染器"。选择完毕可单击"保存为默认设置"按钮，关闭对话框，即可完成 V-Ray 渲染器的指定设置，如图6-34所示。

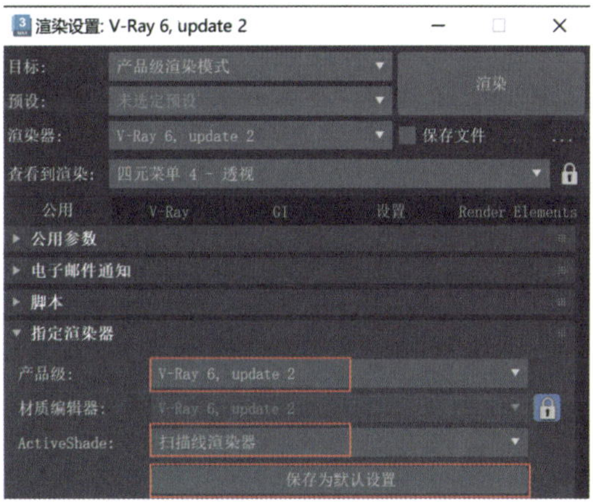

图 6-34

6.3.2 VRayMtl 材质

实例：玻璃材质的调法

设置指定的渲染器为 V-Ray 渲染器后，就可以进行 V-Ray 材质的调用和参数调节了。V-Ray 材质的调用步骤如下。

步骤 01 调用材质编辑器。选择"渲染"｜"材质编辑器"｜"精简材质编辑器"命令，或直接按键盘上的 M 键，即可打开材质编辑器，如图 6-35 和图 6-36 所示。

图 6-35

图 6-36

步骤 02 选择一个空白材质球，单击材质编辑器中的"Standard（Legacy）"图标，如图 6-37 所示，即可打开"材质／贴图浏览器"面板。

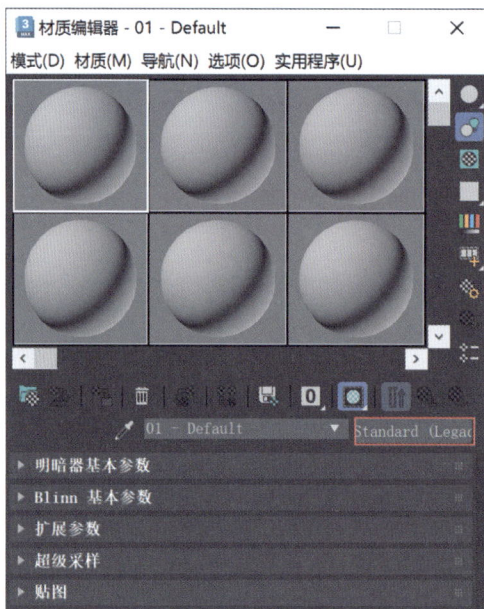

图 6-37

步骤 03 选择"材质"｜"V-Ray"选项，即可选择需要的 V-Ray 材质类型，如图 6-38 所示。如选择最为常用的 VRayMtl 材质，单击"确定"按钮即可将材质类型更改为 VRayMtl 材质，其面板界面如图 6-39 所示。

图 6-38

图 6-39

实例：木质材质和陶瓷材质的调法。

步骤 01 选择 VRayMtl 材质。打开场景文件，接着按键盘上的 M 键，调用材质编辑器并选择材质类型为 VRayMtl 材质，如图 6-40 和图 6-41 所示。

图 6-40

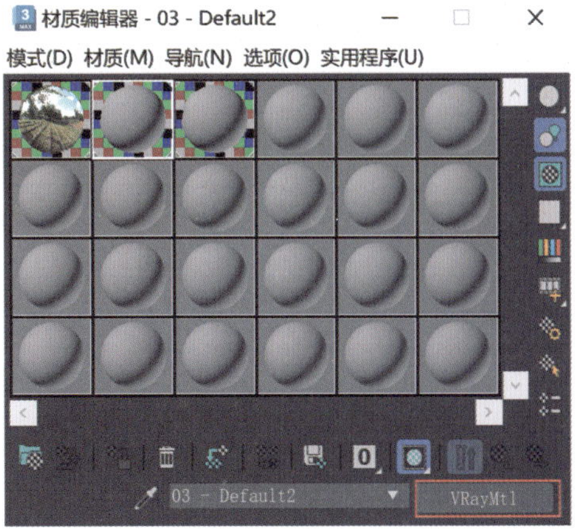

图 6-41

135

步骤 02 调整木质材质。选择空白材质球，在材质编辑器中单击"漫反射"选项右侧的按钮，系统会弹出"材质/贴图浏览器"面板，如图 6-42 所示。双击"通用"里的"位图"，系统会弹出"选择位图图像文件"对话框，如图 6-43 所示，选择相应的贴图文件模拟木纹。返回到材质编辑器，调节"反射"至灰色，"光泽度"设置为 0.6，如图 6-44 所示。将木质的材质球拖曳至平面上，即可赋予材质。

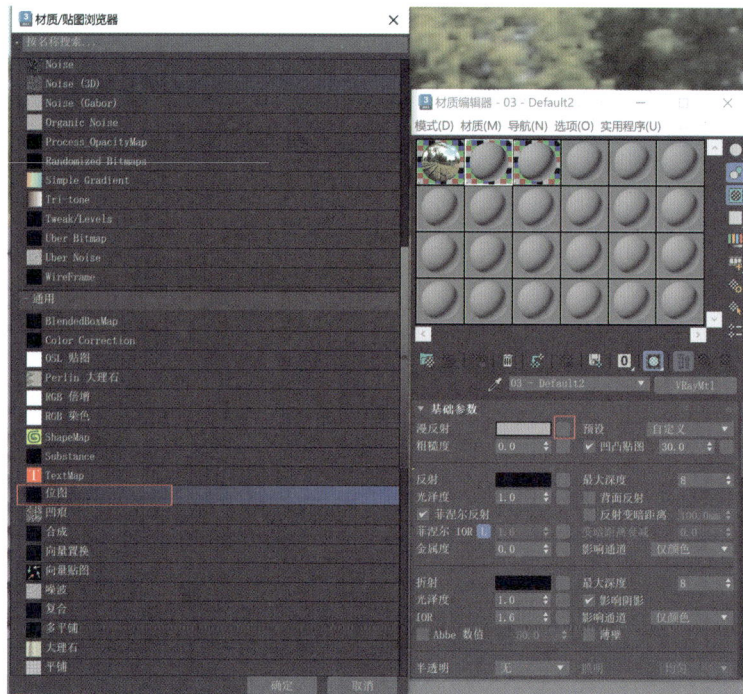

图 6-42

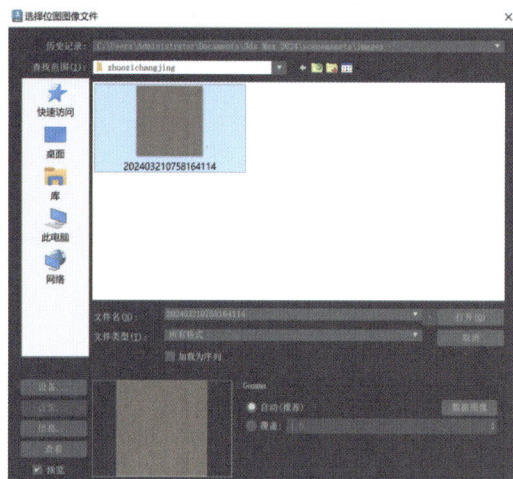

图 6-43

图 6-44

步骤 03 调整陶瓷材质。选择空白材质球，在材质编辑器的"漫反射"中选择浅色色块。返回到材质编辑器，调节"反射"至浅色。

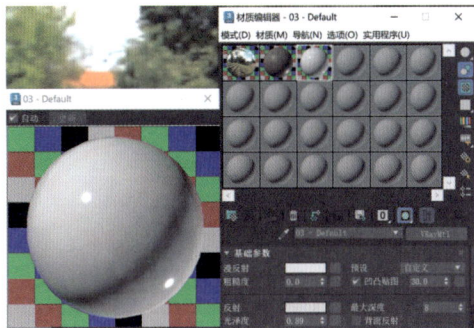

图 6-45　　　　　　　　　　　　　图 6-46

步骤 04 渲染图像。按键盘上的 Shift+Q 快捷键，对场景进行渲染。渲染完毕的图像如图 6-47 所示，可以看到所调节材质的效果。

图 6-47

知识拓展　**VRayMtl 材质的参数技巧**

在 VRayMtl 中，"漫反射"代表着物体的固有色颜色；"反射"代表着物体表面反射光线的能力，其越接近黑色则反射越弱，越接近白色则反射越强。非金属材质的反射主要呈现出"菲涅尔反射"；金属材质的反射主要呈现出"金属反射"；透明质感材质主要由"折射"控制。

6.4　贴图技术

贴图，是具有图像信息的图片。在效果图表现中，贴图与材质既有紧密联系又有本质区别。材质是效果表现的集成系统，包括了贴图、反射、折射、凹凸和其他属性；而贴图通常是影响材质观感较强的因素，直接决定着材质的第一眼视觉感受。在安装 V-Ray 渲染器后，3ds Max 2024 支持 5 种贴图类型，包括 OSL 贴图、"通用"贴图、"扫描线"贴图、"V-Ray"贴图和"环境"贴图，如图 6-48 所示。

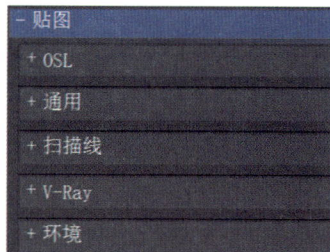

图 6-48

6.4.1　VRay 位图

3ds Max 2024 支持的 5 种类型的贴图可以配合不同的材质进行效果表现，本节将对综合效果最好的 VRay 位图进行介绍。

1. VRay 位图的类型

在 VRayMtl 材质中，不同材质之间的最大视觉差别取决于材质的漫反射，也称材质的固有色。在 3ds Max 中，贴图最基础的功能是影响材质的漫反射，不同的材质拥有不同的贴图视觉效果和添加方式。其中，VRay 位图是 VRayMtl 材质添加贴图的主要方式，常见的 VRay 位图效果如图 6-49 所示。

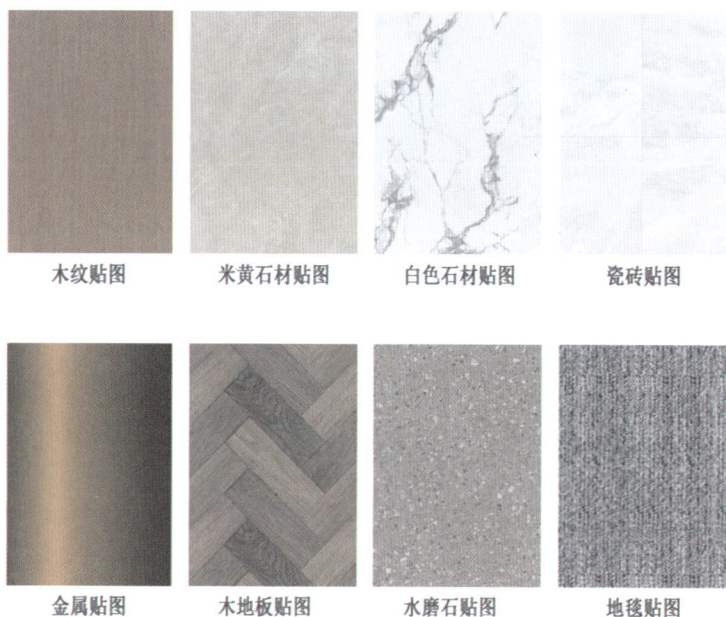

| 木纹贴图 | 米黄石材贴图 | 白色石材贴图 | 瓷砖贴图 |

| 金属贴图 | 木地板贴图 | 水磨石贴图 | 地毯贴图 |

图 6-49

2. VRay 位图的调用

步骤 01 打开材质编辑器。按键盘上的 M 键，系统将打开材质编辑器，如图 6-50 所示。

步骤 02 切换 VRayMtl 材质。单击材质类型按钮，切换材质类型为 VRayMtl 材质，如图 6-51 所示，系统将打开该材质的材质编辑器。

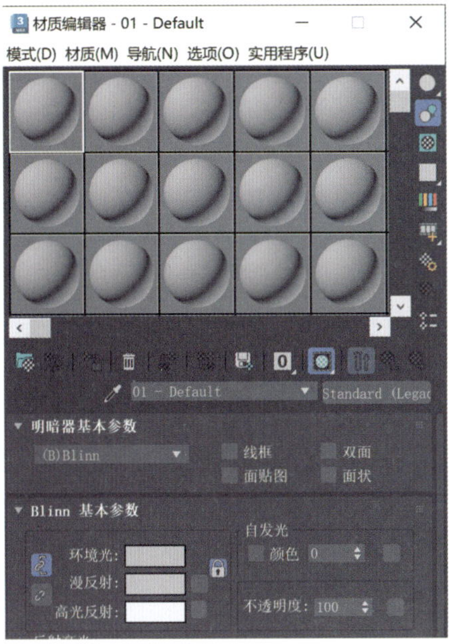

图 6-50

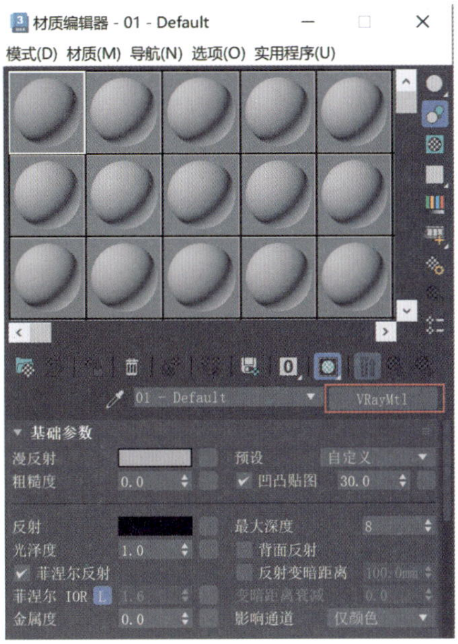

图 6-51

步骤 03 选择 VRay 位图。单击 VRayMtl 材质编辑器"漫反射"色块右侧的贴图按钮，系统会弹出"材质/贴图浏览器"面板。找到 VRay 位图的图标后双击，系统会弹出"贴图选择"对话框，选择 VRay 位图，如图 6-52 至图 6-54 所示。

步骤 04 确认选择。用户在"贴图选择"对话框中选定贴图后，单击"打开"按钮，系统会在材质编辑器"漫反射"色块右侧的贴图按钮中显示"M"标志，表示成功添加了材质贴图，如图 6-55 所示。

图 6-52

图 6-53

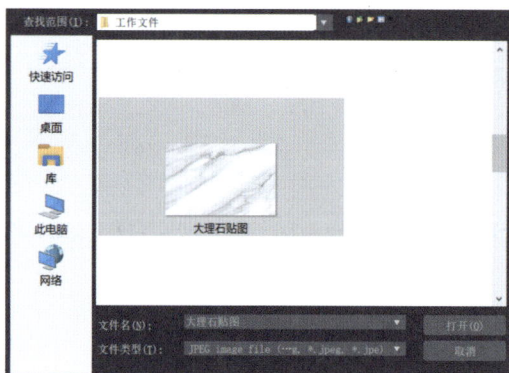

图 6-54

图 6-55

6.4.2 贴图调整

在工作中，由于三维对象的表面形状、大小不同，贴图素材的尺寸也不同，通常需要对材质贴图的尺寸、位置进行调整，以满足需求。

下面以厨房地砖为例，介绍 VRayMtl 材质贴图的调整方法。

步骤 01 打开材质编辑器。如图 6-56 所示为厨房场景文件，按键盘上的 M 键，打开材质编辑器，如图 6-57 所示。

图 6-56

图 6-57

步骤 02 切换 VRayMtl 材质并添加贴图。单击材质类型按钮，切换材质类型为 VRayMtl 材质。接着单击"漫反射"色块右侧的贴图按钮，系统会弹出"材质 / 贴图浏览器"

对话框，找到 VRay 位图的图标后双击，系统会弹出"贴图选择"对话框。选择合适的贴图并单击"打开"按钮，如图 6-58 和图 6-59 所示。

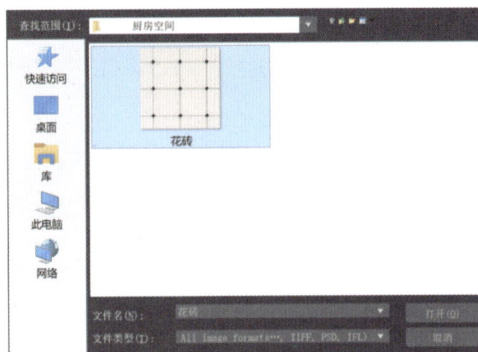

图 6-58 图 6-59

步骤 03 添加"UVW 贴图"修改器。将材质赋予目标平面后并选择该平面，在修改器列表中找到"UVW 贴图"并单击，即可添加"UVW 贴图"修改器。在右侧的"修改"面板"参数"卷展栏中，可以设置该贴图的尺寸，如图 6-60 所示。

步骤 04 调整贴图坐标。在材质编辑器的"坐标"卷展栏中，用户可以根据实际铺砖情况，调整"U""V"坐标参数以模拟在入口处铺设整砖的效果，如图 6-61 所示。

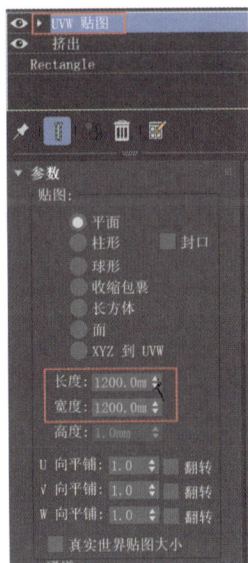

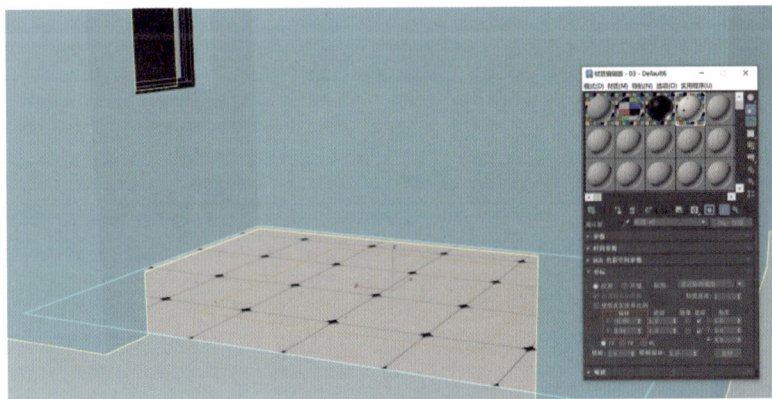

图 6-60 图 6-61

步骤 05 设置材质参数。在材质编辑器的参数区域，设置合适的"反射"和"光泽度"数值，以匹配场景所需的材质效果，如图 6-62 所示。

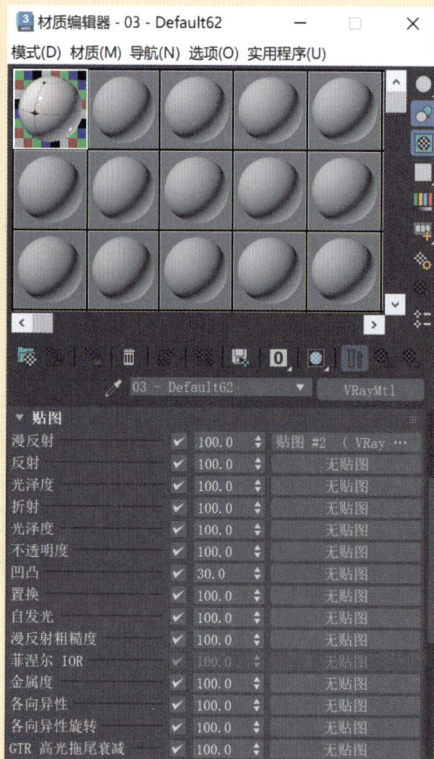

图 6-62

知识拓展 **贴图通道**

在材质编辑器的"贴图"卷展栏中，可以看见由贴图控制的多种材质属性，这也是贴图的高级用法——贴图通道，如图 6-63 所示。如在前面案例的场景中，创建出两个茶壶，一个赋予当前厨房地砖材质，另一个在赋予当前厨房地砖材质的基础之上再添加一个"自发光"的贴图通道，就产生了自发光的效果，如图 6-64、图 6-65 所示。

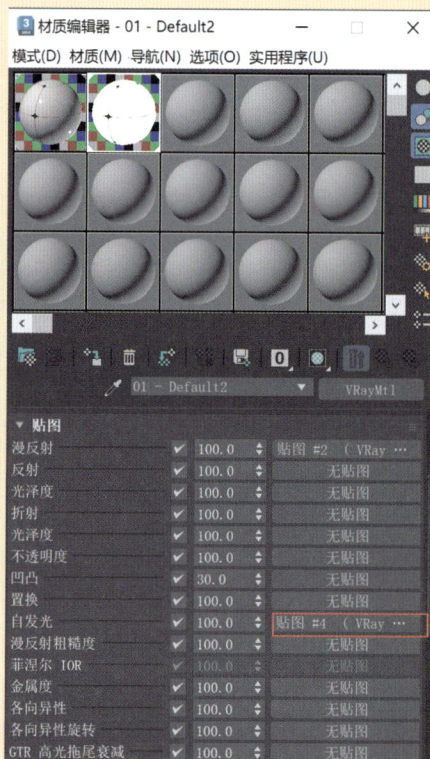

图 6-63

图 6-64

图 6-65

6.5　标准灯光

3ds Max 中的灯光主要有标准灯光和光度学灯光两种类型。其中标准灯光比较简单，其不具有光度学灯光中基于光学的物理强度值。标准灯光包含 6 种类型的灯光，包括"目标聚光灯""自由聚光灯""目标平行光""自由平行光""泛光"和"天光"，如图 6-66 所示。其中"目标聚光灯""目标平行光"属于常用灯光，本节将对其用法进行介绍。

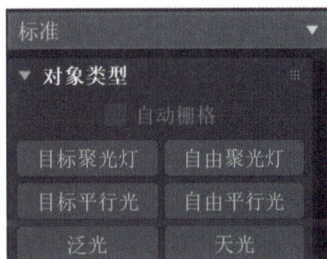

图 6-66

6.5.1　目标聚光灯

目标聚光灯是光线沿目标点发射的灯光，其原理如图 6-67 所示。目标聚光灯可以用来模拟车灯、手电筒、舞台灯光等射线光照的效果，应用场景如图 6-68 至图 6-70 所示。

图 6-67

图 6-68   图 6-69   图 6-70

1. 创建方法

步骤 01 调用命令。进入"创建"面板，单击选择"灯光"｜"标准"｜"目标聚光灯"按钮，即可调用目标聚光灯的创建命令，如图 6-71 所示。

图 6-71

步骤 02 创建目标聚光灯。在前视图中，长按鼠标进行拖动，用户所单击的点就是目标聚光灯光线投射的位置。松开鼠标时，该点位就是照射点和照射方向的位置，如图 6-72 和图 6-73 所示。

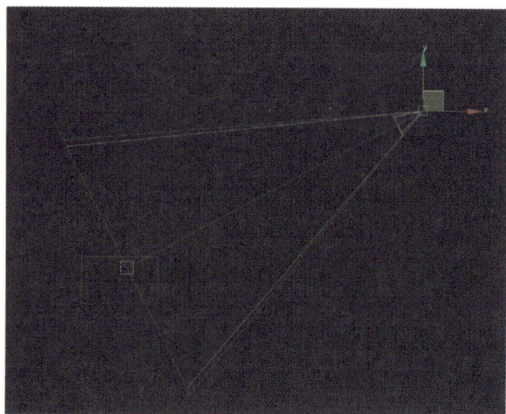

图 6-72

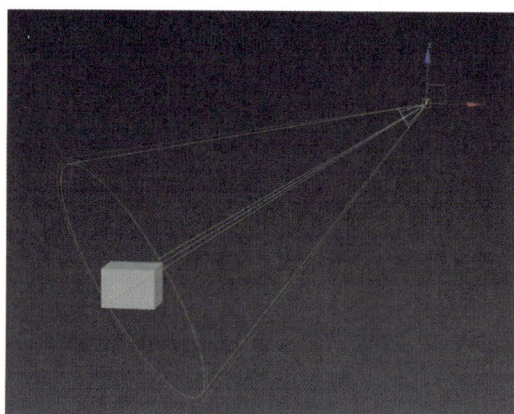

图 6-73

2. 参数界面

目标聚光灯创建后可设置一系列的参数，如图 6-74 所示，帮助实现灯光效果。主要包括"常规参数"、"VRayShadows 参数"、"大气和效果"、"强度 / 颜色 / 衰减"、"聚光灯参数"、"高级效果"和"阴影参数"这几个卷展栏，如图 6-75 至图 6-81 所示。

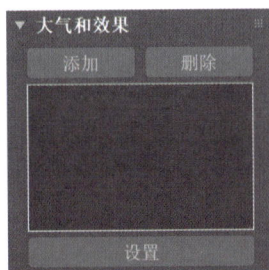

图 6-74

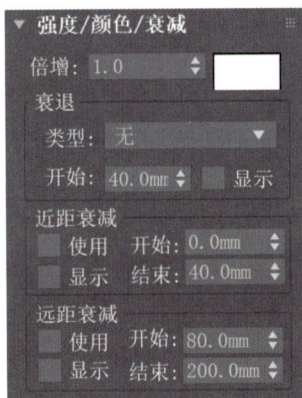

图 6-75

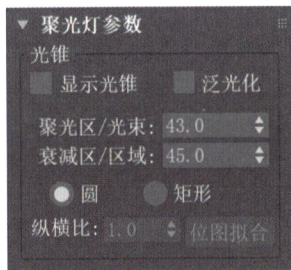

图 6-76

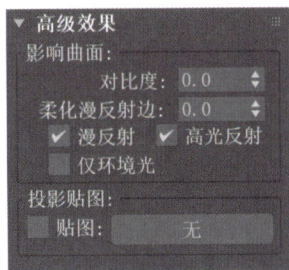

图 6-77

图 6-78

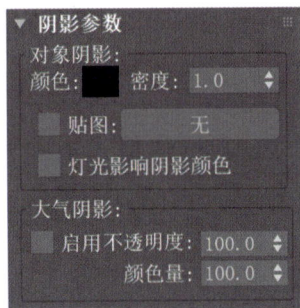

图 6-79

图 6-80

图 6-81

下面对目标聚光灯的主要参数进行介绍。

（1）"常规参数"卷展栏。

■　"启用"：控制是否开启灯光。

■　"目标"：勾选此选项，灯光将成为目标灯光；关闭此选项，灯光将成为自由灯光。

■ "使用全局设置"：开启"使用全局设置"时，灯光投射的阴影将影响整个场景；而不开启此选项，则必须选择生成特定的灯光阴影。

■ 阴影下拉列表：决定渲染器使用哪种方式来生成灯光的阴影，包括"高级光线跟踪""区域阴影""阴影贴图""光线跟踪阴影"和 VRayShadow 等多个选项，如图 6-82 所示。若使用 V-Ray 渲染器，则常用 VRayShadow 选项。值得注意的是，每一种阴影类型都有其特定的参数卷展栏，可以进行详细的阴影参数设置。

图 6-82

■ "排除"：可以将特定的选择对象排除在效果之外。

（2）"VRayShadows 参数"卷展栏。

■ "透明阴影"：勾选此选项，透明表面将投射彩色阴影，否则所有的阴影都为黑色。

■ "偏移"：可进行阴影偏移值的设置。

■ "区域阴影"：勾选此选项，可实现区域阴影效果。

（3）"大气和效果"卷展栏。

■ "添加"：单击该按钮，可添加相应的大气效果到灯光中。

■ "设置"：单击该按钮，可进行效果的设置。

（4）强度/颜色/衰减卷展栏。

■ "倍增"：可调节灯光的强度，系统的默认倍增数值为 1。

■ 灯光颜色色块：可进行灯光颜色的设置。

■ "衰退"选项组：该选项组可用来设置灯光的衰退类型和起始距离。

■ "近距衰减"选项组：该选项组可用来设置灯光近距离衰减的参数。

■ "远距衰减"选项组：该选项组可用来设置灯光远距离衰减的参数。

（5）"聚光灯参数"卷展栏：该卷展栏的参数可以用来控制聚光灯的聚光区、衰减区范围。

（6）"高级效果"卷展栏：可以设置灯光的投影贴图。

（7）"阴影参数"卷展栏：可以设置阴影的基本参数，包括阴影颜色和常规属性。

6.5.2　目标平行光

目标平行光与聚光灯不同之处在于，目标平行光都是向一个方向投射光线，其原理如图 6-83 所示。目标平行光主要用于模拟太阳光、激光光束等效果，其应用场景如图 6-84 和图 6-85 所示。

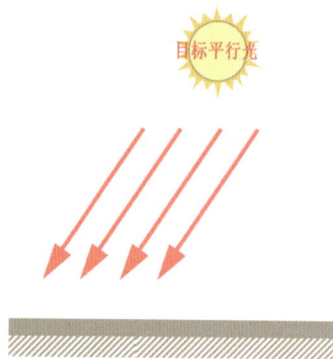

图 6-83

图 6-84

图 6-85

在 3ds Max 中，用户可以调整目标平行光的颜色、位置、强度。目标平行光的参数如图 6-86 所示，主要参数的功能含义类似于目标聚光灯，这里不再赘述，读者可以参考前文的相关内容。

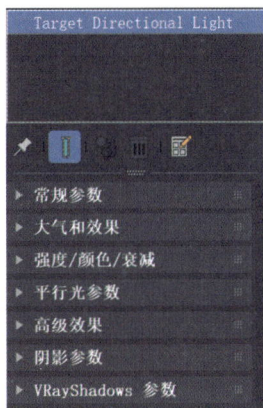

图 6-86

6.5.3　泛光灯

泛光灯是从一个点向四周均匀投射光线的灯光，其原理如图 6-87 所示。3ds Max 中的泛光灯主要用来模拟点光源，如烛光、球形灯、壁灯等，其使用场景如图 6-88 和图 6-89 所示。

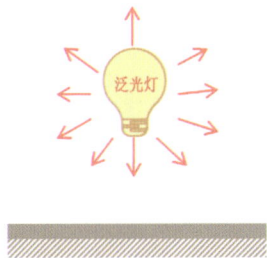

图 6-87

图 6-88

图 6-89

创建泛光灯后可设置一系列的参数，帮助实现灯光效果。图 6-90 所示为泛光灯的主要参数卷展栏。

图 6-90

6.5.4　天光

天光常用来模拟自然天光的光线，也可以将整个场景进行提亮，从而提升效果图的表现力。天光是一种较为特殊的标准灯光，主要参数如图 6-91 所示。

下面对天光的主要参数进行介绍。

- "启用"：控制是否开启天光。
- "倍增"：控制天光的强度。
- "使用场景环境"：使用"环境和效果"对话框中设置的灯光颜色。
- "天空颜色"：设置天光颜色。
- "贴图"：设置贴图来影响天光颜色。
- "投射阴影"：控制是否产生阴影。

图 6-91

6.6 光度学灯光

光度学灯光可以使用物理光强来精确定义，能对真实光环境效果进行更好的模拟。此外，光度学灯光还允许用户添加专业的光度学文件，匹配特定的照明效果。

6.6.1 光度学灯光的类型

光度学灯光包括"目标灯光""自由灯光"和"太阳定位器"3 种类型。用户可以进入"创建"面板，选择"灯光"｜"光度学"选项，再选择对应的光度学灯光类型，进行光度学灯光的创建，如图 6-92 所示。

下面对光度学灯光的几种类型进行介绍。

- "目标灯光"：常用来模拟射灯、筒灯的效果，使用频率较高。其中涵盖"光度学 Web"、"聚光灯"、"统一漫反射"、"统一球形"4 种目标灯光类型，如图 6-93 所示。其灯光符号如图 6-94 所示。

图 6-92

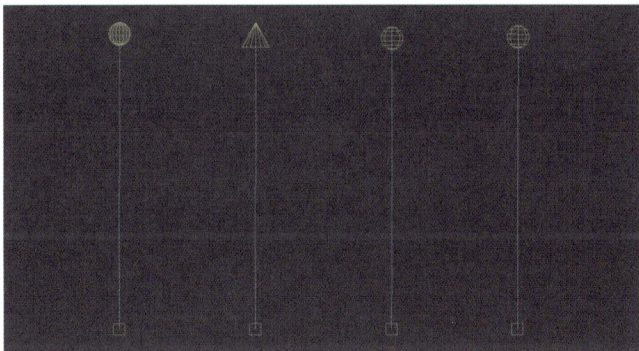

图 6-93 图 6-94

- "自由灯光"：自由灯光与目标灯光相比，只缺少目标点。
- "太阳定位器"：可以模拟真实的太阳，包括特定的季节、日期、时间、不同经纬度的阳光效果，用户可以在其中进行定位设置。

6.7 VRay 灯光

除标准灯光和光度学灯光之外，当用户在 3ds Max 中安装了 V-Ray 渲染器后，就可以使用 V-Ray 渲染器特定的配套光源系统了。V-Ray 渲染器包括 VRay 灯光、VRay 环境光、VRayIES、VRay 代理灯光和 VRay 太阳光 5 种类型。

用户可以进入"创建"面板，接着选择"灯光"｜"VRay"选项，再选择对应的 VRay 灯光类型进行创建，如图 6-95 所示。其中，VRay 灯光和 VRay 太阳光是常用的 VRay 灯光类型，其符号如图 6-96 和图 6-97 所示。

 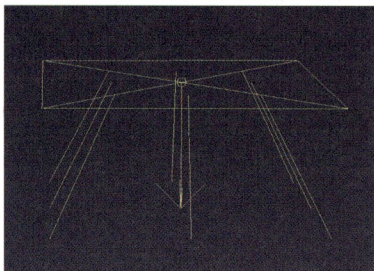 

图 6-95　　　　　　　　图 6-96　　　　　　　　图 6-97

6.7.1　VRay 灯光简介

VRay 灯光是沿着某一个方向照射的光，具有很强的方向性，常用来模拟侧窗和天窗光线、灯带光、柔和的面光源等。

VRay 灯光有一系列的参数，其中主要包括"常规""矩形 / 圆盘灯""选项""采样""衰减"和"视口"这几个参数卷展栏，如图 6-98 所示。

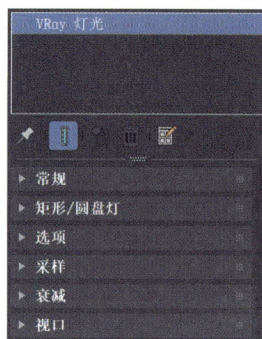

图 6-98

下面对目标聚光灯的主要参数进行介绍。

- "启用"：控制是否开启灯光。
- "类型"：可以切换 VRay 灯光的类型，包括"平面""穹顶""球体""网格""圆形"5 种。
- "目标"：设置 VRay 灯光的目标距离数值。
- "长度"：设置 VRay 灯光的长度范围。
- "宽度"：设置 VRay 灯光的宽度范围。
- "单位"：设置发光大小的度量单位和数值大小。
- "倍增"：设置灯光的强度，数值越大，灯光越强。
- "模式"：可切换"颜色"或"色温"的控制模式。
- "颜色"：设置灯光的颜色。
- "色温"：当模式设置为"色温"时，可设置灯光的色温数值。
- "贴图"：控制是否添加贴图。
- "投射阴影"：控制是否投射阴影。
- "双面"：控制是否产生双面发光的效果。
- "不可见"：控制是否可以渲染出灯光本身。

6.7.2　VRay 太阳光

VRay 太阳光是 VRay 渲染器中用于模拟太阳光源的灯光类型。它可以通过高度来模拟不同时间的太阳光效果，非常适合室外场景或室内日光效果的表现，如图 6-99 和图 6-100 所示。

图 6-99

图 6-100

下面对 VRay 太阳光的主要参数进行介绍。

- ■ "启用"：控制是否开启灯光。
- ■ "强度倍增值"：控制太阳的亮度，数值越大，亮度越亮。
- ■ "尺寸倍增值"：控制产生阴影的柔和程度。图 6-101 至图 6-103 所示为"尺寸倍增值"分别为 1、50、150 时的阴影效果。

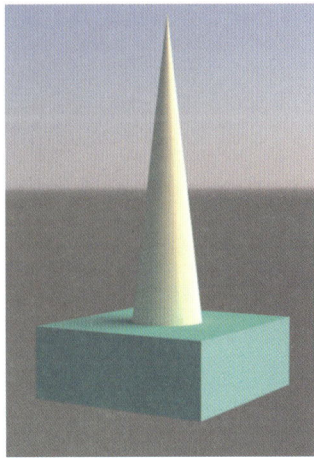

图 6-101　　　　　　　　图 6-102　　　　　　　　图 6-103

- ■ "过滤颜色"：控制阳光的颜色。
- ■ "不可见"：控制是否渲染出灯光本身。
- ■ "影响漫反射 / 高光反射 / 影响大气 / 大气阴影"：控制是否影响漫反射 / 高光反射 / 大气 / 大气阴影及影响程度。
- ■ "浑浊度"：设置大气的浑浊程度，从而影响天空的颜色和太阳的强度。

6.8 摄影机基础

在 3ds Max 中，摄影机不仅是模拟现实世界中相机的工具，也是控制渲染输出视角及强化作品空间感的关键。

6.8.1 摄影机的作用

摄影机在效果图作品中的功能有很多，主要包括如下几种。

1. 场景观察

摄像机允许用户以固定角度去观察场景对象，决定了渲染图像的最终场景。

2. 渲染视角控制

摄影机可以在多个相机视角间灵活切换，并可调节渲染的区域、视野范围和长宽比，对于作品质量有直接影响。

3. 特效制作

用户通过摄影机可以制作运动模糊和景深等特效，增强视觉效果。

4. 视觉优化

在室内设计中，通过调整摄影机的视角和参数，可以在视觉上改变空间的大小和比例，使小空间显得更宽敞。

6.8.2 摄影机的类型

3ds Max 为用户提供了 3 种类型的标准摄影机，分别是"目标摄影机""自由摄影机"和"物理摄影机"。

1. 目标摄影机

目标摄影机是 3ds Max 中使用频率较高的摄影机类型。它包括摄影机和目标点两个组成部分，如图 6-104 所示。目标摄影机更容易实现目标定向，只需要将目标对象定位在需要观察的位置，即可实现摄影机的布置。

2. 自由摄影机

自由摄影机与目标摄影机相比，不同点在于其没有目标点，只由单个图标表示，如图 6-105 所示。使用自由摄影机可以更为方便地调整效果，但其操控性方面比目标摄影机弱。

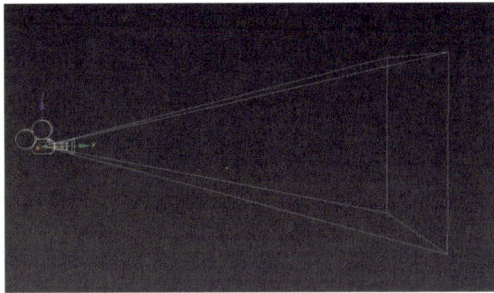

图 6-104

图 6-105

3. 物理摄影机

物理摄影机集成了很多真实摄影机的控制参数，总体功能更为强大，可以设置快门、曝光等效果来模拟真实摄影机。

6.8.3　摄影机的创建和切换

1. 摄影机的创建：

以目标摄影机为例，在 3ds Max 中创建摄影机的操作步骤如下。

步骤 01　进入"创建"面板，接着单击"摄影机"｜"标准"｜"目标"按钮，即可激活目标摄像机的创建命令，如图 6-106 所示。

步骤 02　选择相应的视图，单击鼠标可确定摄影机的位置。接着按住鼠标对光标进行拖曳，可确定目标点的位置。松开鼠标，即可完成目标摄影机的创建。其创建效果和"参数"卷展栏如图 6-107 和图 6-108 所示。

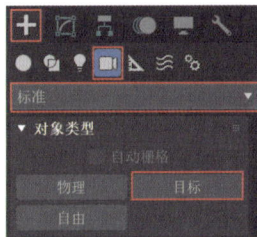

图 6-106

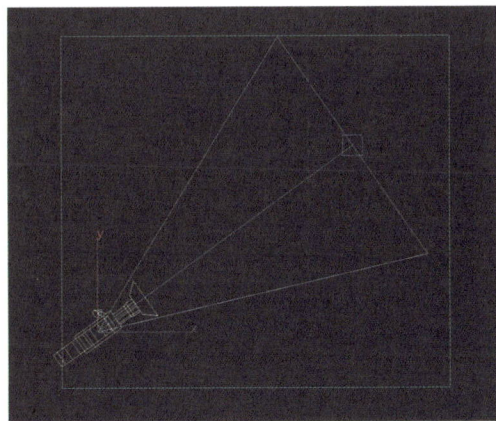

6-107

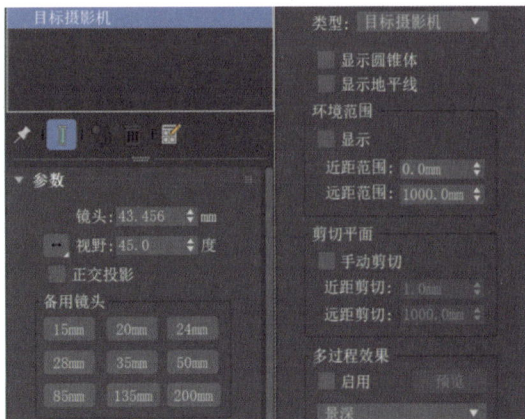

6-108

2. 摄影机的参数

下面以目标摄影机为例，对摄影机的主要参数进行介绍。

- "镜头"：以毫米为单位设置摄影机的焦距。
- "视野"：设置摄像机查看区域的宽度视野。
- "目标"：设置 VRay 灯光的目标距离数值。
- "正交投影"：勾选此选项时，摄像机视图与用户视图一致；取消勾选此选项时，摄像机视图为标准的透视图。
- "备用镜头"选项组：提供了一些系统预设镜头焦距。
- "类型"：可将目标摄像机与自由摄像机进行切换。
- "显示圆锥体"/"显示地平线"：控制是否显示圆锥体/地平线效果。
- "环境范围"选项组：设置大气效果的"近距范围""远距范围"限制。
- "剪切平面"选项组：允许用户设置"近距剪切""远距剪切"值，用于控制摄像机的显示范围。
- "多过程效果"选项组：控制摄影机"景深"或"运动模糊"效果。
- "目标距离"：控制摄影机与目标点之间的距离。

6.9 场景环境和渲染设置

环境作为作品的重要组成部分，对效果的影响不可忽视。营造良好的环境，不但可以提升作品整体效果，还可以使得作品更能打动人。

6.9.1 外景创建

外景的创建可使室内窗户洞口空间更加真实、开阔。下面以客厅空间为例，介绍外景的创建方法。

步骤 01 调用创建弧命令。打开客厅空间的场景文件，如图 6-109 所示。进入"创建"面板，接着单击"图形"|"样条线"|"弧"按钮，即可激活弧线的创建命令，如图 6-110 所示。

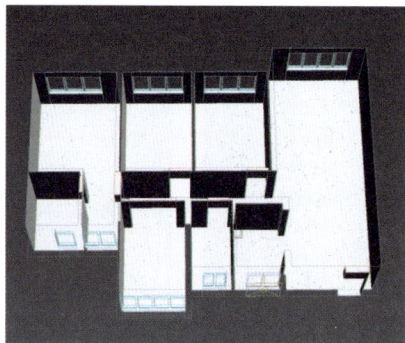

图 6-109

图 6-110

步骤 02 创建并转换弧。在顶视图中按住鼠标左键并拖曳，创建出弧线的两个端点。松开并移动鼠标，创建出弧高。右击鼠标，将所绘制的弧转换为可编辑样条线，如图 6-111 和图 6-112 所示。

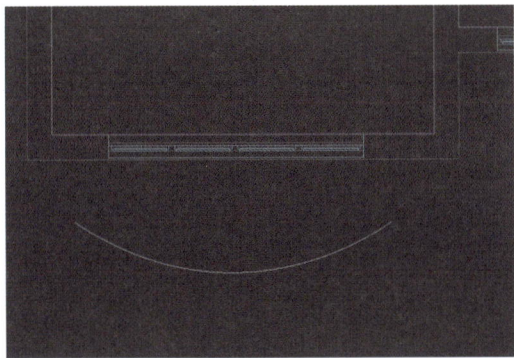

图 6-111

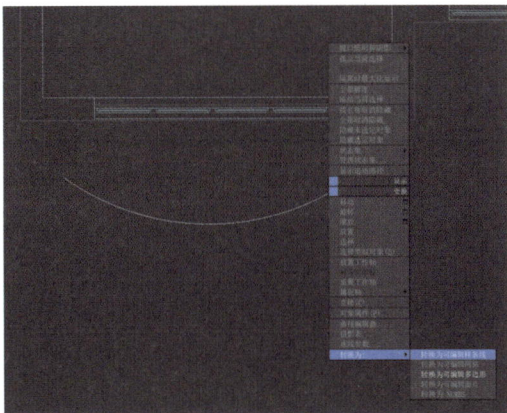

图 6-112

步骤 03 为弧线添加轮廓。来到"修改"面板，在"样条线"层级下找到"轮廓"项，并设置数值为 30mm，可以看见弧线有了轮廓的效果，如图 6-113 所示。

步骤 04 添加"挤出"修改器。来到"修改"面板，为轮廓弧线添加"挤出"修改器，并设置"数量"为"2500mm"，如图 6-114 和图 6-115 所示。

图 6-113

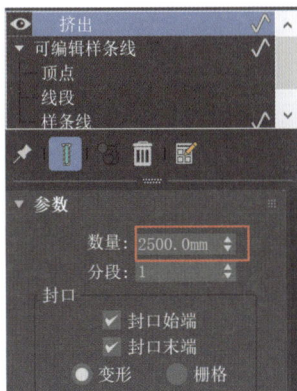

图 6-114

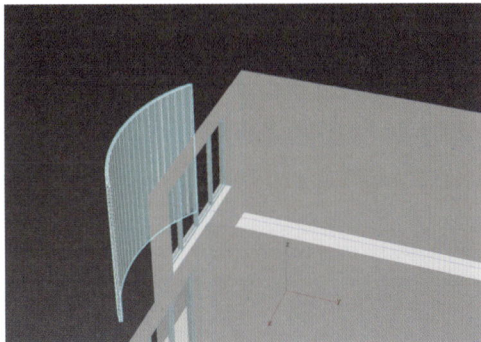

图 6-115

步骤 05 设置材质参数。选择 VRay 灯光材质，单击材质编辑器中的"颜色"色块改为黑色。单击右侧的贴图按钮，在弹出的"贴图选择"对话框中选择需要的外景贴图，如图 6-116 和图 6-117 所示。

图 6-116   图 6-117

步骤 06 添加"UVW"修改器。选择圆弧体，拖曳材质球，为圆弧体赋予材质。接着，为圆弧体添加"UVW"修改器，并设置贴图类型为"长方体"，参数界面及效果如图 6-118 和图 6-119 所示。

图 6-118   图 6-119

步骤 07 设置合适观察角度。以人的观察视角在客厅空间中观察所创建的窗外景效果，如图 6-120 所示。

图 6-120

6.9.2　环境与效果

1. 环境

若要在 3ds Max 2024 中设置环境，可选择"渲染"|"环境"｜"环境和效果"命令，系统会弹出"环境和效果"对话框，如图 6-121 和图 6-122 所示。

执行弹出"环境和效果"对话框命令的快捷键是 8 键。

下面对"环境和效果"对话框"环境"选项卡的主要参数进行介绍。

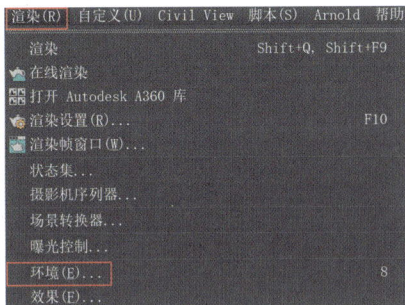

图 6-121

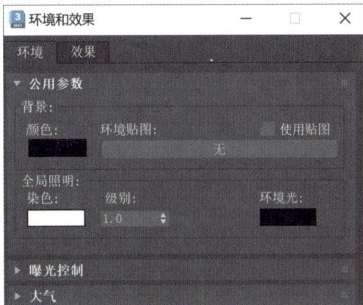

图 6-122

- "公用参数"卷展栏：可以进行背景和全局照明的设置。
- "曝光控制"卷展栏：可进行多种曝光控制类型和曝光效果的设置，会影响输出的亮度、对比度效果等。
- "大气"卷展栏：可以进行大气效果的添加、删除和管理。

2. 效果

与设置环境相似，用户如需设置效果，可选择"渲染"|"效果"命令，系统也会弹出"环境和效果"对话框，如图 6-123 所示。通过设置，用户可以指定和管理渲染效果，这里的效果支持以交互方式进行协作。

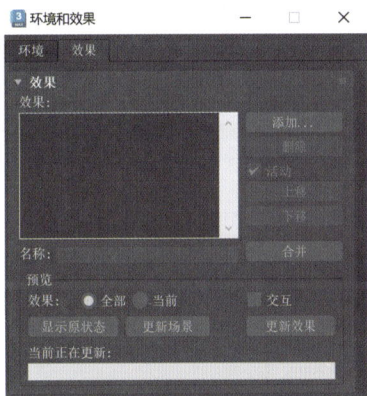

图 6-123

6.9.3　HDRI 环境贴图

HDRI 是 High-Dynamic Range（HDR）Image 的缩写，它拥有比普通图像更大的亮度范围。HDRI 贴图通常被用来模拟三维场景中真实的环境效果，其特点是包含的色彩信息更加丰富，渲染效果更加真实。

下面以卧室场景为例，对 3ds Max 2024 中创建 HDRI 环境贴图的步骤进行介绍。

步骤 01 调用贴图创建命令。选择"渲染"|"环境"｜"环境和效果"命令，在弹出对话框的"环境"选项卡中单击"环境贴图"下方的贴图按钮（默认显示为"无"），如图 6-124 所示。

步骤 02 添加环境贴图。在弹出的"材质/贴图浏览器"面板中选择"贴图"｜"V-Ray"｜
"VRay 位图"选项，单击"确定"按钮，如图 6-125 所示。接着在系统弹出的"选择
HDR 图像"对话框中找到 HDRI 贴图文件，如图 6-126 所示。单击"确定"按钮，即可
添加该 HDRI 贴图为当前的环境贴图，如图 6-127 所示。

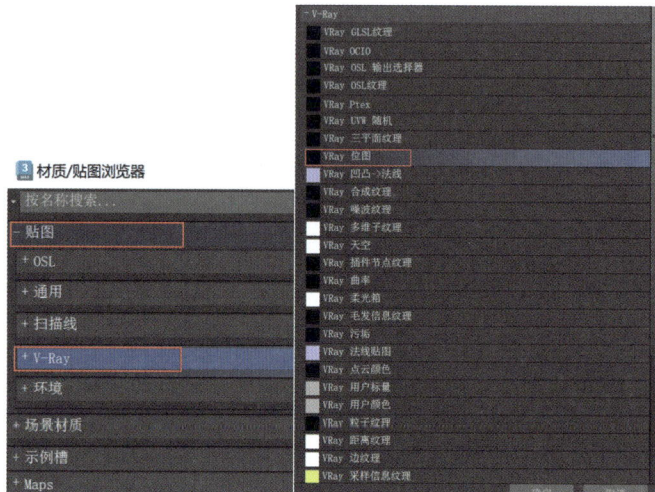

图 6-124　　　　　　　　　　　　　　　　　图 6-125

图 6-126　　　　　　　　　　　　　　　　　图 6-127

步骤 03 拖曳环境贴图。按 M 键打开材质编辑器，将"环境和效果"对话框中的环境
贴图拖曳至材质编辑器的空白材质球，如图 6-128 所示。系统会弹出"实例（副本）贴图"
对话框，选择"实例"，如图 6-129 所示。单击"确定"按钮，即可在材质编辑器中实
时显示环境效果，如图 6-130 所示。

步骤 04 设置映射类型。在材质编辑器中的"映射类型"下拉列表中选择"球形"，
即可设置完成，如图 6-131 所示。可以发现视图场景中已出现了刚才所设置的环境效果，
如图 6-132 所示。

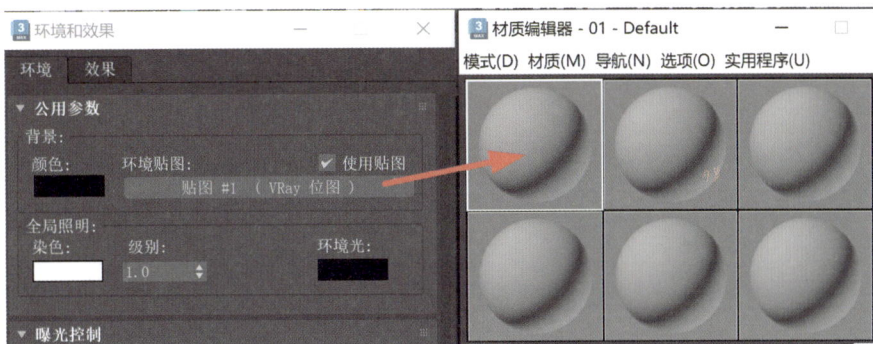

图 6-128

图 6-129　　　　　图 6-130　　　　　图 6-131

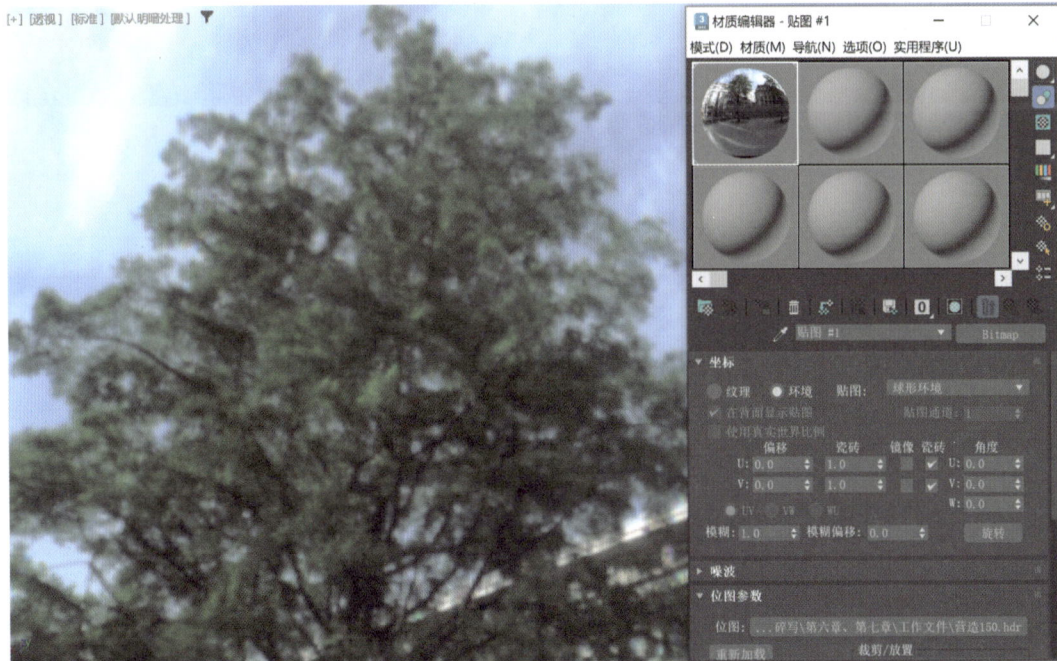

图 6-132

【温馨提示】

　　如果创设场景环境后在视图中未能显示环境效果，可以按键盘上的 Alt+B 快捷键，弹出"视口配置"对话框如图 6-133 所示。在"背景"选项卡中设置"使用环境背景"参数，再单击下方的两个应用按钮，即可显示环境效果。

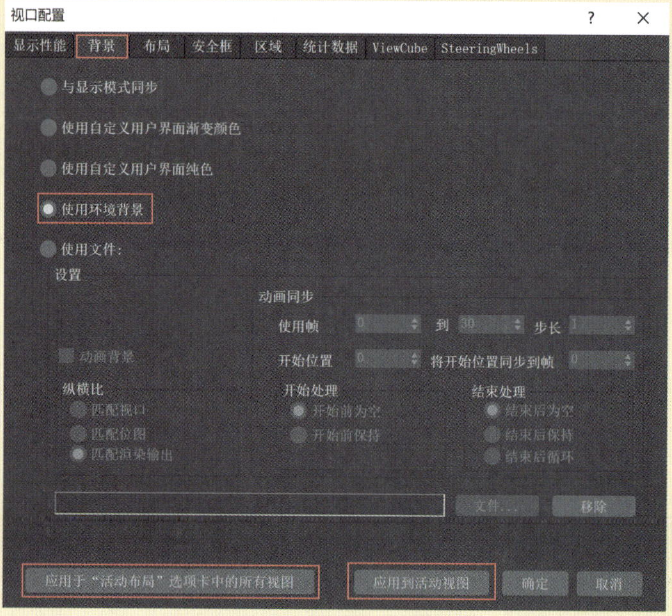

图 6-133

6.9.4　V-Ray 渲染器设置

　　V-Ray 渲染器是 3ds Max 中一款非常强大的渲染插件，它提供了丰富的渲染选项和高质量的输出效果，特别适用于制作高质量室内设计效果图。

1. V-Ray 渲染器面板

　　V-Ray 渲染器的面板是用户与渲染器交互的主要界面，下面对整体功能和参数进行介绍。

- "公用"选项卡：包括"公用参数""电子邮件通知""脚本""指定渲染器"4 个卷展栏，如图 6-134 所示。在"公用"选项卡可设置渲染尺寸、图像纵横比和渲染输出路径等基本参数，这些参数决定了渲染图像的分辨率和保存位置。一般情况下，测试图的输出分辨率可以设置小一些，以增加渲染速度；成品图的输出分辨率可以设置大一些，以确保图像有足够的清晰度。
- "V-Ray"选项卡：包括"帧缓存""全局开关""IPR 选项""图像采样器（抗锯齿）""渐进式图像采样器""图像过滤器""环境""颜色映射""摄影机"9 个卷展栏，如图 6-135 所示。在一些卷展栏中，有"基本"或"高级"两种模式，切换到"高级"模式时，可以解锁更多功能。

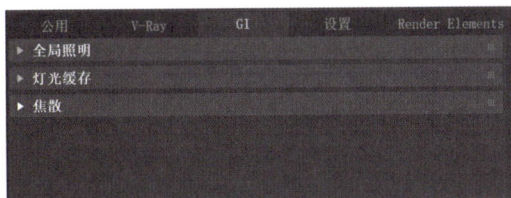

图 6-134   图 6-135

- "GI"选项卡：包括"全局照明""灯光缓存""焦散"3 个卷展栏，如图 6-136 所示。用户可以在"GI"选项卡中设置系列功能参数，常用的包括"全局照明"卷展栏中的"首次引擎"和"次级引擎"，如图 6-137 所示。系统默认的"首次引擎"为"Brute Force"，"次级引擎"为"灯光缓存"。

图 6-136   图 6-137

- "设置"选项卡：包括"授权""关于 V-Ray""色彩管理""默认置换""系统""平铺纹理选项""代理物体预览缓存""重置设置"8 个卷展栏，如图 6-138 所示。用户可以在"设置"选项卡中查看授权信息，进行代理物体预览缓存等设置。

- "Render Elements"选项卡：包括"渲染元素"1 个卷展栏，如图 6-139 所示。在"Render Elements"选项卡中，用户可以设置输出单独的渲染元素，以便在后期制作中进行进一步处理。

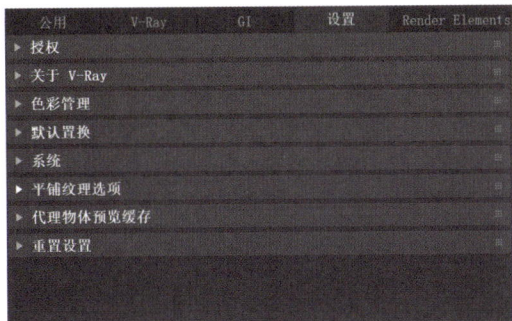

图 6-138   图 6-139

2. V-Ray 渲染器的基本设置

经过产品的优化迭代，现在 V-Ray 渲染器的默认参数已趋近合理，除制作专业级的效果图和高质量的动画外，对于输出普通图纸而言，需要用户设置的地方较少，主要涉及图像大小和细分设置。

（1）图像大小设置。

■ "宽度"/"高度"："公用"选项卡"公用参数"卷展栏的"宽度"/"高度"中提供了可以自由定义的效果图输出尺寸，用户可以直接输入"宽度"/"高度"数值，也可以在其右侧的预设尺寸里选择需要的预设数值，对"宽度"/"高度"进行快速设置。

■ "图像纵横比"：在系统默认状态下，"图像纵横比"是锁定的状态，即用户在调整"宽度"数值的同时"高度"也会发生变化；调整"高度"数值的同时"宽度"也会发生变化。用户若想断开这种关联性，分别调整"宽度"或"高度"数值，可以单击右侧按钮图标█至灰色状态█，解除"宽度"与"高度"的关联性，从而进行分别调节，如图 6-140 所示。

（2）细分设置。

■ "细分"：在"GI"选项卡的"全局照明"卷展栏中，可以设置"首次引擎"和"次级引擎"模式。当用户将"次级引擎"设置为"灯光缓存"模式时，参数面板中会出现"灯光缓存"卷展栏，可控制输出效果。其中，"细分"数值的大小会直接影响画面的精细程度，在系统默认状态下，"细分"数值为"1000"，如图 6-141所示。当用户需要输出高质量效果图时，建议将"细分"数值设为"1500"及以上，这样能获得更加理想的输出效果。

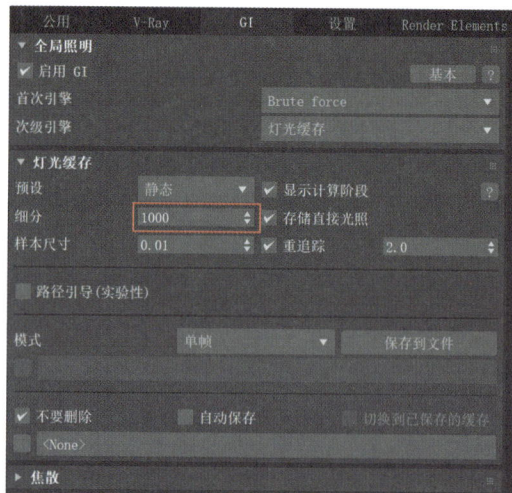

图 6-140   图 6-141

课堂练习——椅子单体的布光与渲染

　　椅子是室内空间中典型的家具。同其他家具一样，椅子单体需要合理布光，并设置适合的摄影机参数，这样制作出适合的效果图。

步骤 01 打开空间场景文件和椅子单体的模型并进行查看，如图 6-142 所示。

图 6-142

步骤 02 在空间场景文件中导入椅子单体模型，并将椅子移动到空间的中心位置。

步骤 03 创建室外 VRay 灯光。单击"创建"｜"灯光"｜"VRay"｜"VRay 灯光"按钮，在空间场景的左视图中创建比窗户尺寸略大的 VRay 灯光，如图 6-143 所示。

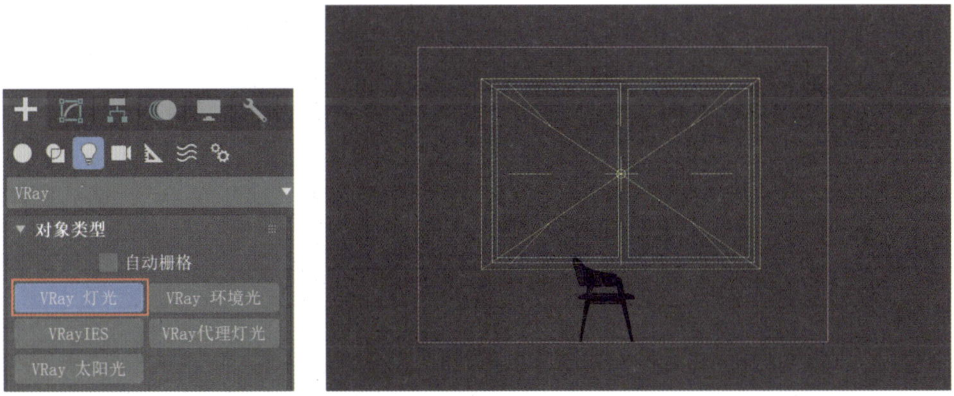

图 6-143

步骤 04 调整室外 VRay 灯光的位置和参数。使用"选择并移动"工具，在顶视图中移动所创建的室外 VRay 灯光至室外窗口处，如图 6-144 所示。接着来到"修改"面板，在"常规"卷展栏和"选项"卷展栏中设置如图 6-145 所示的参数值，以模拟出自然天光的效果。

步骤 05 创建摄影机。来到顶视图，进入"创建"面板，接着单击"摄影机"｜"标准"｜"目标"按钮，即可激活目标摄影机的创建命令，如图 6-146 所示。

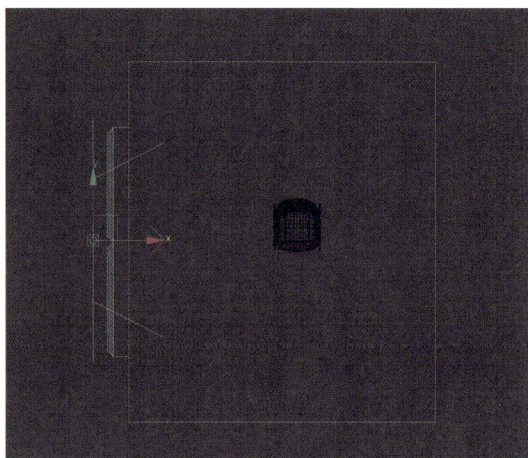

图 6-144

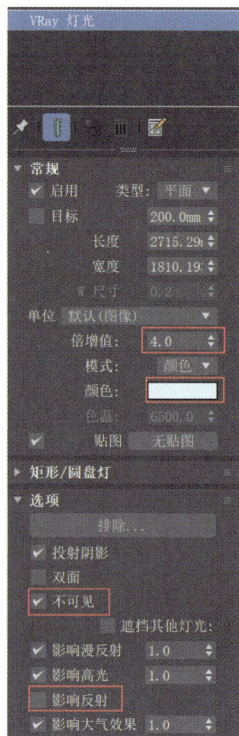

图 6-145

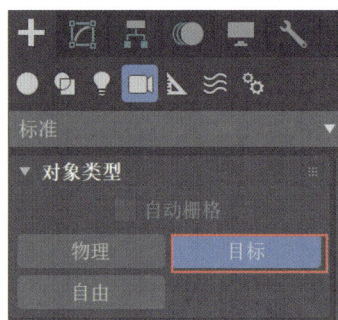

图 6-146

步骤 06 调整摄影机高度。来到前视图，选择摄影机并激活"选择并移动"工具，在下方的 Z 轴坐标中设置数值为"700"，如图 6-147 所示。用同样的方法为摄影机目标点设置 Z 轴坐标数值为"700"。按 Shift+Q 快捷键进行渲染测试，查看当前的效果，如图 6-148 所示。

图 6-147

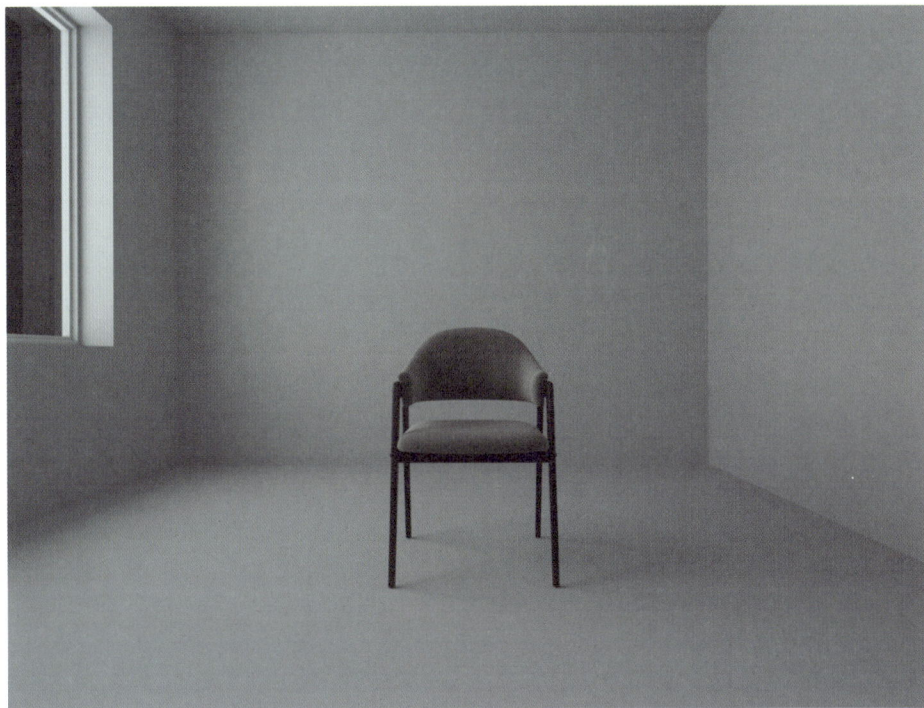

图 6-148

步骤 07 创建室内 VRay 灯光。单击"创建"｜"灯光"｜"VRay"｜"VRay 灯光"按钮，在空间场景的顶视图创建略大于单体椅子大小的 VRay 灯光，具体参数如图 6-149 所示。在前视图中调整其照射高度，模拟出室内人造面光源的效果。

图 6-149

步骤 08 创建室内 VRayIES 灯光。单击 "创建" | "灯光" | "VRay" | "VRayIES" 按钮，在空间场景的前视图中向下拖曳，创建出 VRayIES 灯光，具体参数如图 6-150 所示。接着单击 "IES 文件" 右侧的选项，找到合适的 IES 文件进行加载，如图 6-151 所示，模拟出室内人造筒灯光源的效果。

图 6-150

步骤 09 移动室内 VRayIES 灯光。在顶视图将 VRayIES 灯光选中，使用 "选择并移动" 工具将其移至椅子单体的正上方，如图 6-152 所示。

步骤 10 设置摄影机镜头和渲染参数。设置摄影机 "备用镜头" 参数为 "35mm"。接着按 F10 键，调出 "渲染设置" 对话框，并在 "公用" 和 "GI" 两个选项卡中设置如图 6-153 至图 6- 155 所示的参数。按 Shift+Q 快捷键渲染，得到的效果如图 6-156 所示。

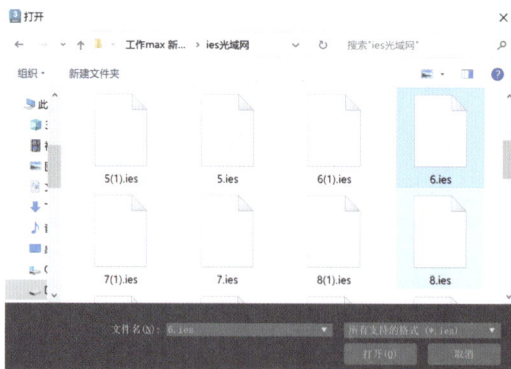

图 6-151

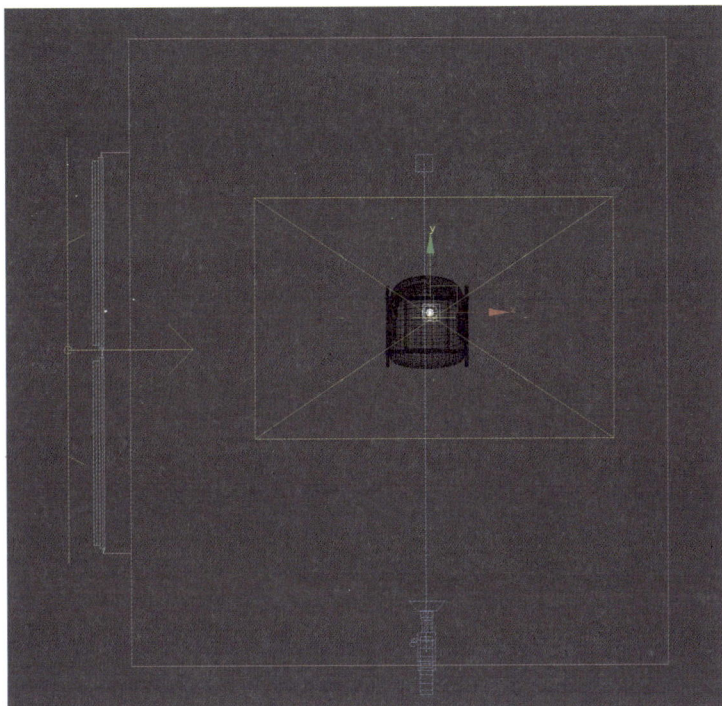

图 6-152

图 6-153

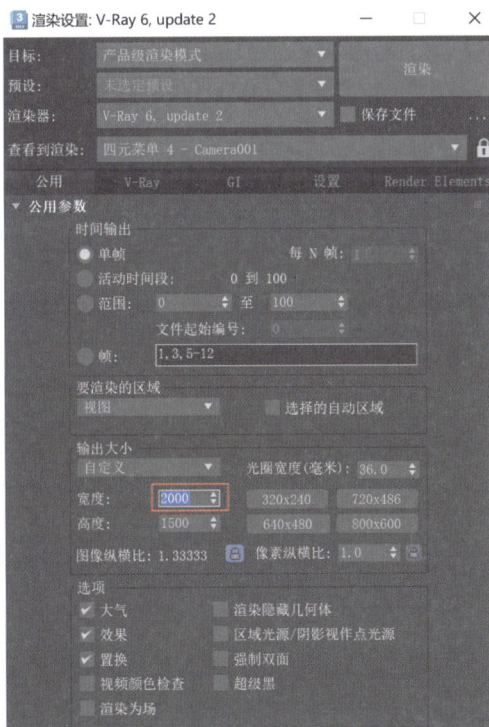

图 6-154

图 6-155

图 6-156

拓展训练

为了更好地掌握本章所学知识，在此列举几个与本章相关联的拓展案例，以供练习。

1. AIGC 生成视口背景

利用 Stable Diffusion 生成一张成品客厅效果图，用于营造视口环境，让物体的建模环境更加真实。

操作提示

■ 可根据任务要求、不同的室内空间、不同的室内设计风格、要求来提炼提示词。

■ 对于需要强化的元素，可以增加提示词权重，如正向提示词："(Modern cream style:1.4),Minimalism,Living room renderings,masterpiece, best quality"对应的中文翻译为"（现代奶油风格：1.4），极简主义，客厅效果图，杰作，最佳品质"。其中"（：1.4）"指的是增加了 1.4 倍的权重，意味着强烈指示 Stable Diffusion 生成该风格的效果图。

参考效果如图 6-157 所示。

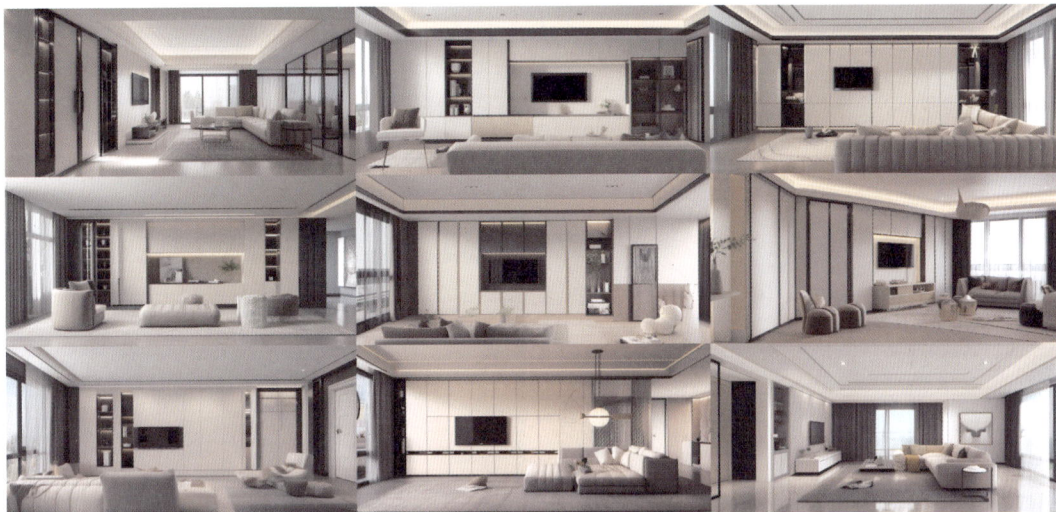

图 6-157

2. 配置背景环境与 AIGC 深化

利用 3ds Max 为椅子创设背景环境效果，再利用 Stable Diffusion 让效
果展示更加充分。

操作提示

- 按键盘上的 Alt+B 快捷键，打开"视口配置"对话框。在"背景"选项卡中选中"使
  用文件"选项，再单击"上传文件"按钮，上传背景图片至 3ds Max 视口界面，
  如图 6-158 所示。
- 在"视口配置"对话框"背景"选项卡中设置"纵横比"为"匹配视口"，使得
  背景图片更加匹配视口，如图 6-159 所示。

图 6-158

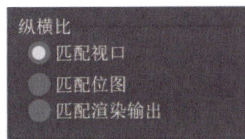

图 6-159

■ 将椅子放置在视口背景的合适位置，如图 6-160 所示。再将视口背景的效果再次导入 Stable Diffusion，利用 Stable Diffusion 图生图"局部重绘"面板的融合功能进行涂抹，接着再次生成，使椅子更好地融入环境，如图 6-161 所示。

图 6-160

图 6-161

参考效果如图 6-162 所示。

图 6-162

第 3 篇

3ds Max 与 AIGC 技术综合应用

本篇基于 3ds Max 软件的操作和 AIGC 技术工具 Stable Diffusion 的优势，在综合案例中的多个阶段将 3ds Max 与 AIGC 相融合，帮助读者更加灵活、便捷地表现效果图。

第 7 章

综合案例（一）居住空间——新中式卧室效果图制作

内容导读 📖

本章以居住空间的新中式卧室为例，从 CAD 图纸的导入到 3ds Max 建模、材质、渲染，详细介绍了效果图的制作流程。在案例制作的多个阶段融入了 AIGC 技术工具 Stable Diffusion，以实现更加灵活、便捷地表现效果图。

学习目标 🎓

√ 掌握居住空间——卧室的建模流程
√ 掌握居住空间——卧室的建模技巧
√ 掌握 AIGC 辅助制作居住空间的方法
√ 掌握 3ds Max 与 AIGC 协同工作的技巧

7.1 卧室墙体结构的建模

居住空间卧室效果图制作是一项综合性的工作任务，涉及较为全面的软件操作技术。一般情况下，在使用 3ds Max 进行效果图制作时，首先需要创建出空间的承重和围护结构，即墙、柱等部分。

7.1.1 户型 CAD 的整理

1. 准备图纸

工作中的 CAD 图纸通常是用 Autodesk 公司出品的 AutoCAD 软件制作的带有尺寸信息的工程图纸。CAD 图纸可在完成量房后用 AutoCAD 软件直接绘制，也可通过一些具有 AI 功能的平台间接生成后再使用 AutoCAD 软件进行编辑加工。图 7-1 是由酷家乐平台生成的 CAD 图纸。

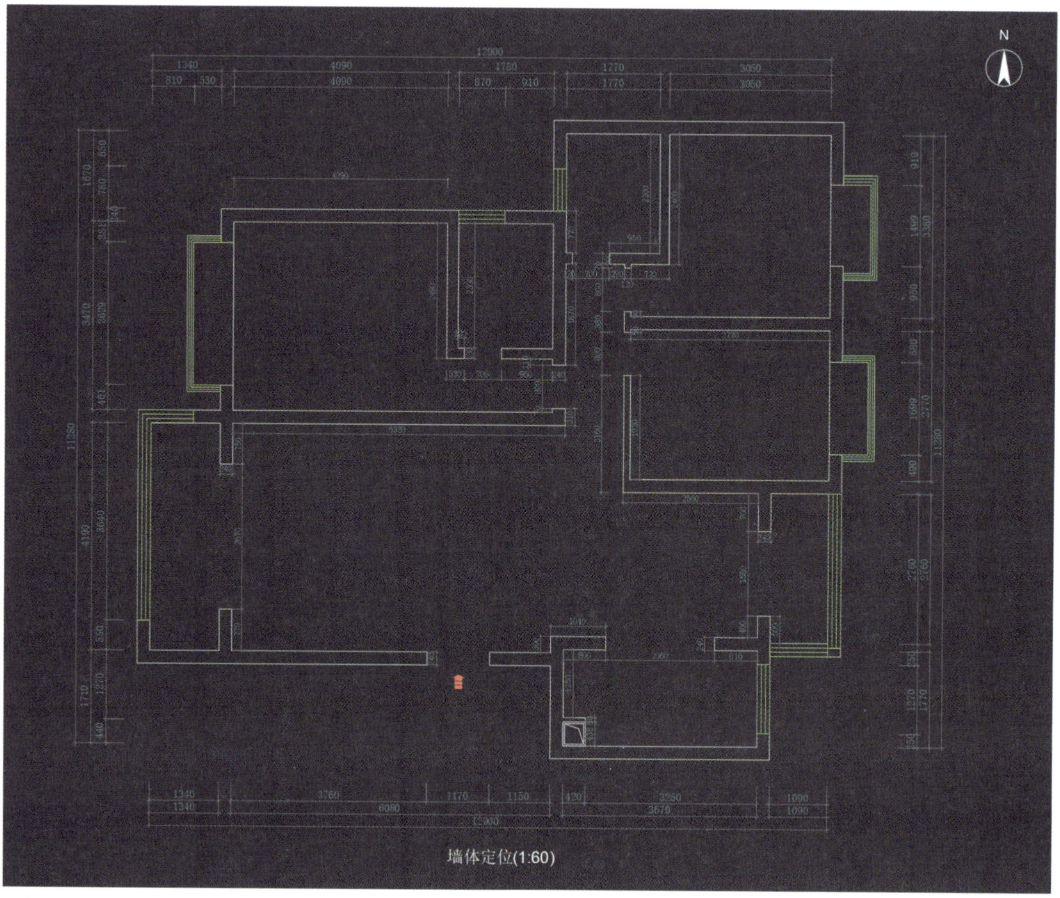

墙体定位(1:60)

图 7-1

【温馨提示】

　　无论是用哪种方式生成的 CAD 图纸，都可以用 AutoCAD 软件进行编辑加工。由于 AutoCAD 与 3ds Max 同属于 Autodesk 公司，使用 CAD 图纸作为 3ds Max 的建模参考是既便捷又精确的。

2. 整理图纸

　　准备好图纸后，首先需对 CAD 图纸进行整理。原始成套的 CAD 图纸通常不适合直接建模，我们需要对图纸进行调整，将 CAD 中用不到的线删除，如非设计区域、装饰完成面，各类标注、说明、装饰等。这样做的好处是，一方面可以保持图纸清晰，另一方面可以降低非必要信息过多对用户操作造成的干扰和对系统资源的消耗。

3. 清理保存图纸

　　在 CAD 命令行中输入"PU"，执行"清理"命令，系统会弹出如图 7-2 所示的对话框。单击"全部清理"按钮，对图中的多余信息进行清理。在弹出的"清理 – 确认清理"对话框中，选择"清理此项目"选项，如图 7-3 所示。经过数次清理操作，对话框中的"全部清理"按钮变为灰色，即清理完毕。清理完毕后，需将 CAD 图纸及时进行保存。

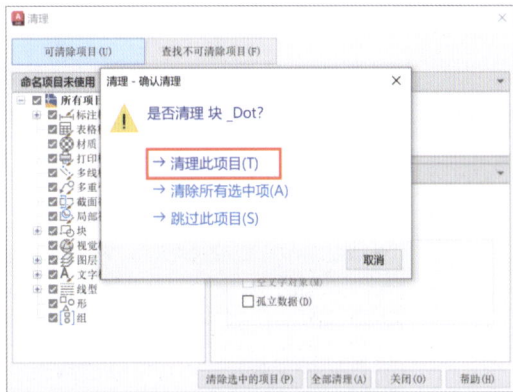

图 7-2

图 7-3

7.1.2　卧室墙体建模

1. 建模准备

　　"毫米"是进行室内设计工作的标准单位。在墙体建模工作开展之前，用户应当检查 3ds Max 的系统单位是否为"毫米"。确保系统单位为标准单位对于依据 CAD 图纸来建模至关重要，以下是设置系统单位的操作步骤。

01 执行"单位设置"命令。启动 3ds Max 2024，在菜单栏中执行"自定义"｜"单位设置"命令，如图 7-4 所示，系统将弹出"单位设置"对话框，如图 7-5 所示。

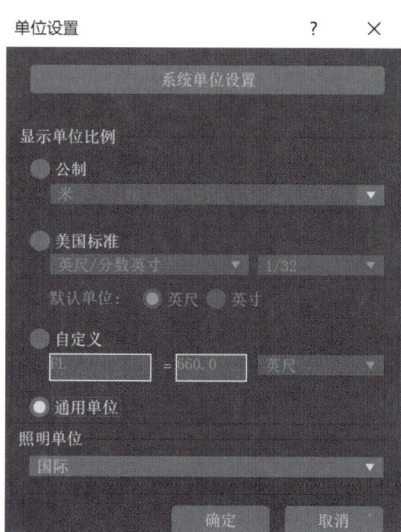

图 7-4　　　　　　　　　　　图 7-5

02 设置"公制"单位。在弹出的"单位设置"对话框中单击"显示单位比例"选项组中的"公制"选项按钮，并单击其右侧三角按钮▼，在下拉列表中选择"毫米"选项，如图 7-6 所示。

03 设置"系统单位"。单击"系统单位设置"按钮，系统将弹出"系统单位设置"对话框，单击"单位"右侧的其右侧三角按钮▼，在下拉列表中选择"毫米"选项，如图 7-7所示。

图 7-6　　　　　　　　　　　图 7-7

步骤 04 确认并应用设置。设置完毕后，单击"确定"按钮，系统将应用当前的单位设置。

2. 导入 CAD

步骤 01 执行"导入"命令。在菜单栏中执行"文件"｜"导入"｜"导入"命令，如图 7-8 所示。系统将弹出"选择要导入的文件"对话框，选择整理好的 CAD 文件，单击"打开"按钮，如图 7-9 所示。

步骤 02 设置导入选项。在弹出的"AutoCAD DWG/DXF 导入选项"对话框中选中"焊接附近顶点"复选框，如图 7-10 所示，单击"确定"按钮即可实现 CAD 的导入。导入后的界面如图 7-11 所示。

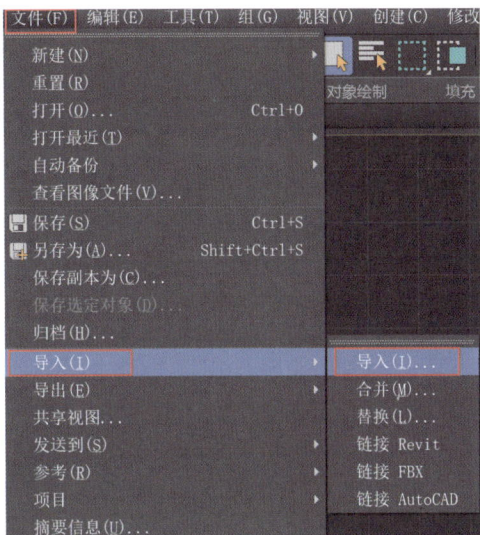

图 7-8

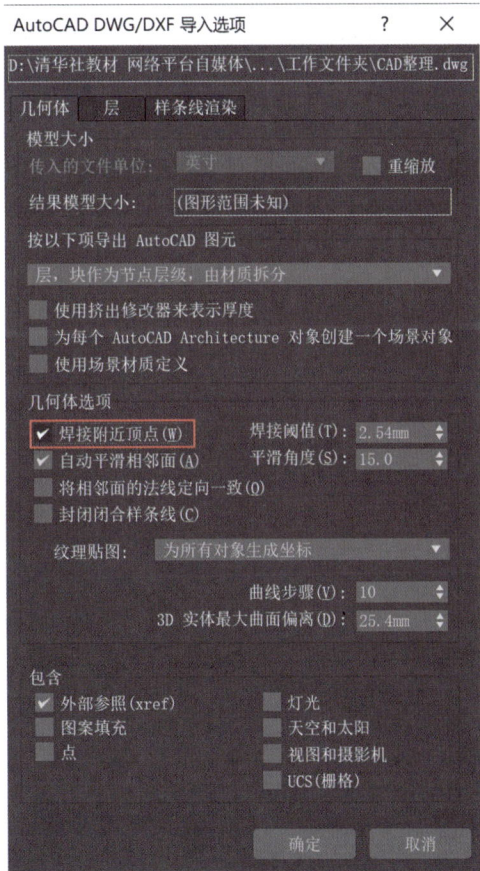

图 7-9

图 7-10

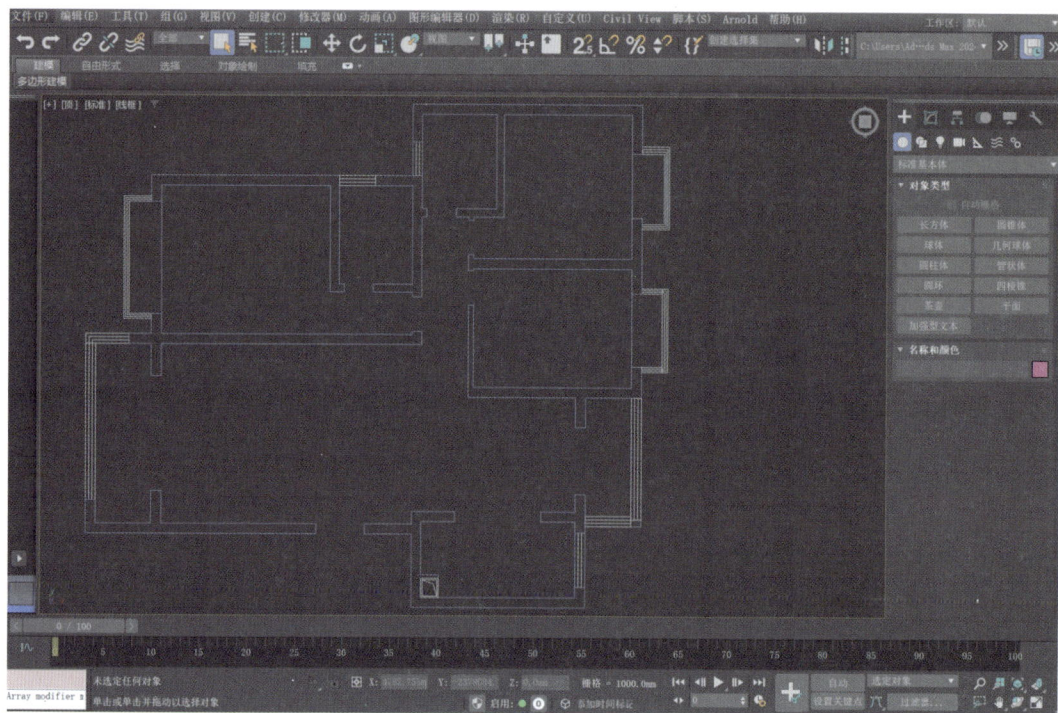

图 7-11

3. 归零坐标

3ds Max 拥有完善的三维坐标体系，合理使用坐标系功能可以提高建模效率。用户在导入 CAD 后，将其轴向坐标进行归零，可以使后续操作更为方便。

步骤 01 创建组。将坐标进行归零前，用户需要进行成组操作，以便对 CAD 图纸进行整体移动。使用"选择"工具将导入的 CAD 图纸进行框选，接着选择"组"｜"组"命令，在弹出的"组"对话框中给组命名并单击"确定"按钮，即可将其创建成一个整体组，如图 7-12 和图 7-13 所示。

图 7-12

图 7-13

步骤 02 归零坐标。将成组后的 CAD 选中，并执行"选择并移动"命令。这时，用户可以在视图界面下方坐标输入区的各轴向数值输入框中设置数值"0"，也可以右击坐标数值右侧的上下箭头图标 ，实现坐标的归零，如图 7-14 和图 7-15 所示。

图 7-14　　　　　　　　　　　　　　　图 7-15

【温馨提示】

　　若用户发现 3ds Max 界面中的网格线影响了对 CAD 图纸的观察，可以按键盘上的 G 键来执行"显示 / 取消网格"命令，网格取消后，用户能更清晰地从视图界面观察 CAD 图纸。网格取消前后效果对比如图 7-16、图 7-17 所示。

图 7-16

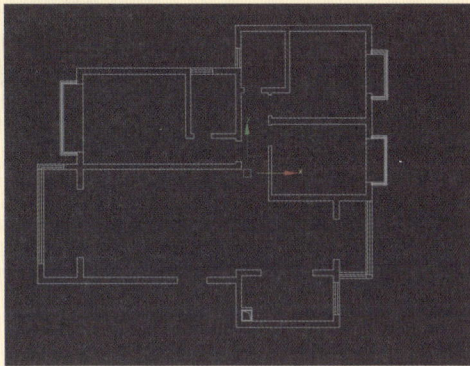

图 7-17

4. 对 CAD 进行冻结保护

　　CAD 作为建模的底图，是房间墙体尺寸的建筑依据。为避免建模过程中进行误操作，需要对导入的 CAD 线条进行冻结保护。具体操作方法是：选择 CAD 底图后右击鼠标，调出快捷菜单，选择"冻结当前选择"命令，如图 7-18 所示。默认状态下，被冻结的对象会以灰色的颜色进行显示，并不可再被选中和进行编辑操作。

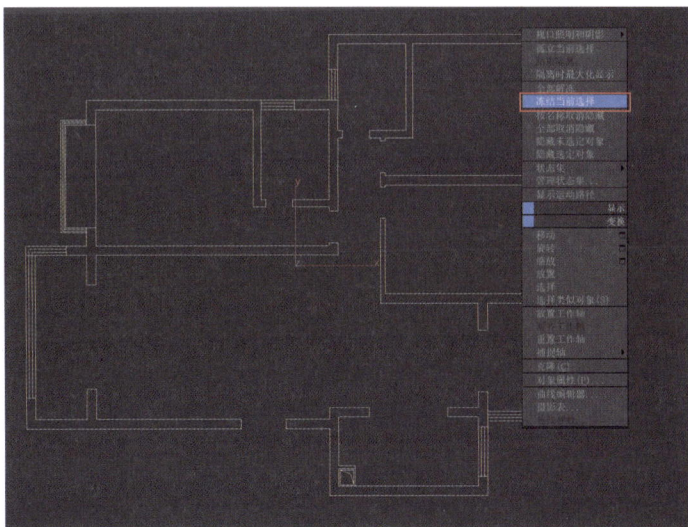

图 7-18

5. 创建墙体与结构

步骤 01 墙体描线前的设置。按键盘上的 S 键打开"捕捉开关",并设置捕捉模式为"2.5D"。右击图标，系统将弹出"栅格和捕捉设置"对话框,在"捕捉"选项卡中激活"顶点""端点""中点"捕捉选项,如图 7-19 所示。切换至"选项"选项卡,单击激活"捕捉到冻结对象"选项,如图 7-20 所示。设置完毕后,关闭该对话框。

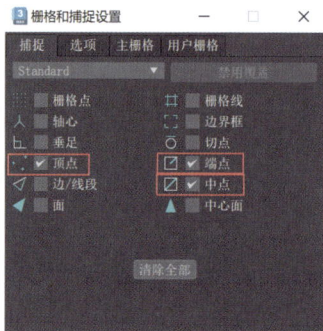 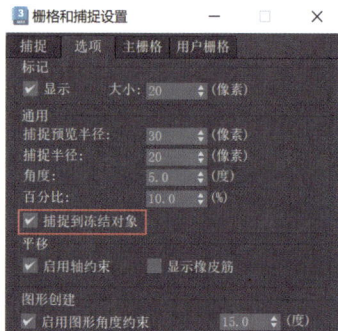

图 7-19　　　　　　　　　　图 7-20

步骤 02 对墙线进行描线。单击"创建"|"图形"|"样条线"|"线"按钮,以顺时针或逆时针方向,依次单击沿卧室内墙线的节点,绘制线段端点。绘制完毕,将末端点与首端点相连,系统弹出"样条线"对话框,如图 7-21 所示。单击"是"按钮,完成绘制。注意门窗处需要增加两个描线点,如图 7-22 所示。

图 7-21　　　　　　　　　　图 7-22

步骤 03 挤出房间体积。选中所绘制的样条线,单击"修改"|"挤出"按钮,如图 7-23 所示。接着在"修改"面板"参数"卷展栏的"数量"中输入"2800mm"作为挤出的高度,如图 7-24 所示。

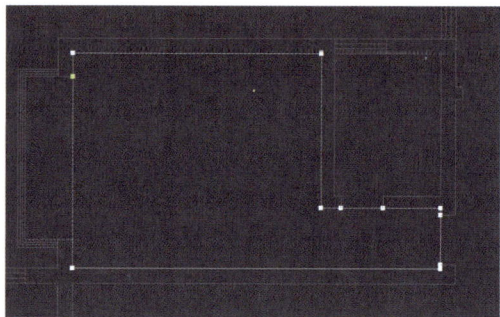 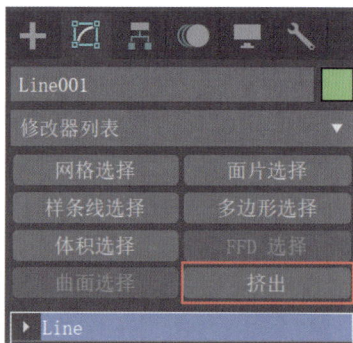

图 7-23　　　　　　　　　　图 7-24

步骤 04 转换为可编辑多边形。右击鼠标,在弹出的快捷菜单中选择"转换为"|"转换为可编辑多边形"命令,如图 7-25 所示。接着按键盘上的 4 键,进入"多边形"子层级。按 Ctrl+A 快捷键全选对象,右击鼠标,在弹出的快捷菜单中选择"翻转法线",如图 7-26 所示。

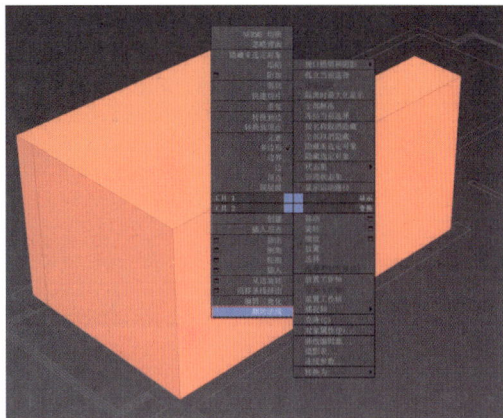

图 7-25　　　　　　　　　　　　　　　　图 7-26

步骤 05 设置对象属性。右击鼠标，在弹出的快捷菜单中选择"对象属性"命令，弹出"对象属性"对话框，勾选"背面消隐"选项，如图 7-27 和图 7-28 所示。

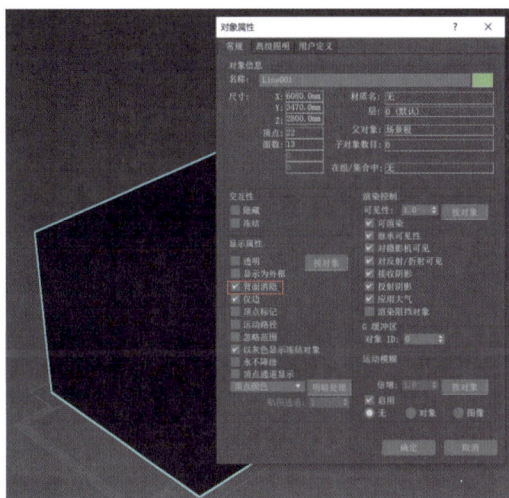

图 7-27　　　　　　　　　　　　　　　　图 7-28

步骤 06 分离顶面、地面。在"多边形"子层级下，分别选择顶面和地面的多边形区域，在"修改"面板"多边形"层级下的"编辑几何体"中执行"分离"命令，使顶面和地面与主体分离，如图7-29 所示。更改顶面和地面的颜色，以方便观察图形与建模管理，如图 7-30 所示。

图 7-29

图 7-30

7.1.3　门、窗洞口的划分

1. 划分门洞口

步骤 01　连接门过梁线。按键盘上的 F4 键,启用"边面"模式。按键盘上的 2 键,进入"边"子层级。右击鼠标,选择"连接"命令,连接门过梁线。使用"选择并移动"工具移动过梁线,在下方数值输入区的 Z 轴坐标中设置过梁线高的数值为"2100mm",如图 7-31 和图 7-32 所示。

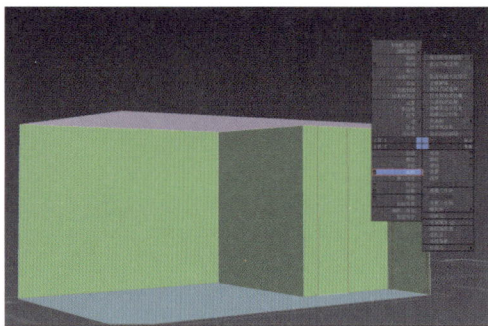

图 7-31　　　　　　　　　　　　　　　　图 7-32

步骤 02　挤出门厚度。右击鼠标,执行"挤出"命令,设置挤出的高度为"-240mm",如图 7-33 所示。接着,将门扇部分分离,并赋予不同的颜色以进行区分,如图 7-34 所示。

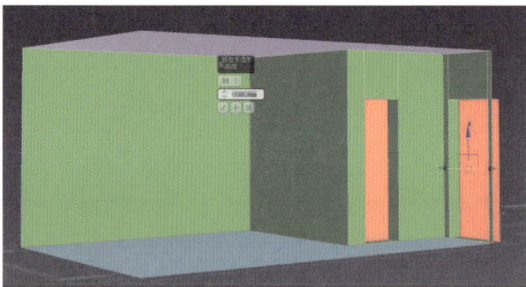
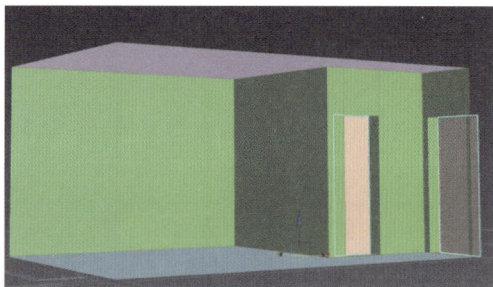

图 7-33　　　　　　　　　　　　　　　　图 7-34

2. 划分窗洞口

步骤 01 连接窗边线。选中两侧的窗边线，右击鼠标，执行"连接"命令，设置连接的数量为"2"。在下方数值输入区的 Z 轴坐标中设置上方窗过梁线的高度为"2450mm"；设置窗台线 Z 坐标高度为"600mm"，如图 7-35 和图 7-36 所示。

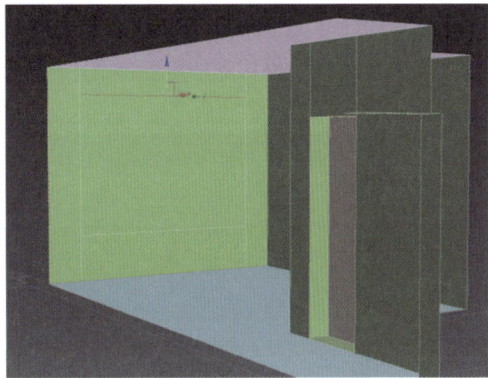

图 7-35   图 7-36

【温馨提示】

由于非落地窗位于墙体中部，所以需要确定过梁线与窗台线这两条线。而门洞口有通行的需要，下方门槛石处即为房间的地面标高，故只需要连接一条线进行划分。

步骤 02 挤出窗厚度。右击鼠标，执行"挤出"命令，设置挤出的高度为"-500mm"，如图 7-37 所示。

步骤 03 分离窗扇。将窗扇部分与主体分离，并赋予不同的颜色以进行区分，如图 7-38 所示。

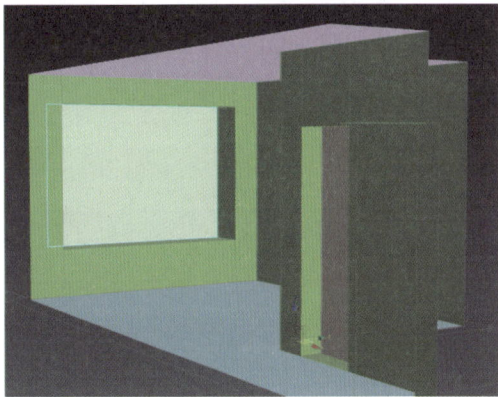

图 7-37   图 7-38

3. 窗扇制作

步骤 01 划分窗扇。选中窗扇，按键盘上的 Alt+Q 快捷键，执行"孤立"命令，将独立出来的窗扇按需要的形式划分连接线，如图 7-39 所示。

步骤 02 制作窗扇结构。在"多边形"子层级下，选择所有窗体，右击鼠标，执行"倒角"命令，设置"倒角模式"为"按多边形"，设置"轮廓"为"-30mm"，设置"高度"为"-30mm"。接着继续设置"轮廓"为"-20mm"，设置"高度"为"-20mm"。单击"应用"按钮，窗扇结构制作完成，如图 7-40 所示。

图 7-39　　　　　　　　　　图 7-40

步骤 03 分离玻璃并赋予材质。将窗户的玻璃部分选中，执行"分离"命令，使之与主体分开。按键盘上的 M 键，调用材质编辑器，选用 VRayMtl 材质，将"折射"参数的色块设置成近白色，如图 7-41 所示。将调整好的玻璃材质拖曳至窗户的玻璃区域，退出"孤立"模式。窗户制作完成，效果如图 7-42 所示。

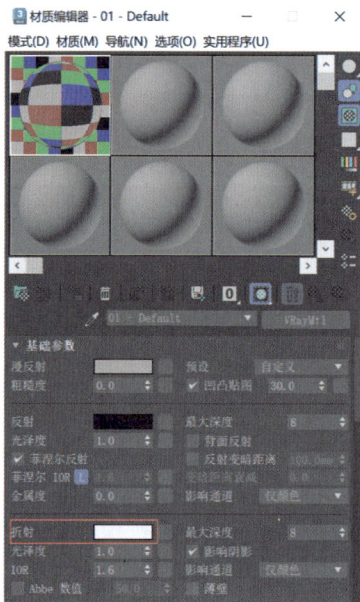

图 7-41

图 7-42

7.2 AIGC 创意辅助

AIGC 技术的发展使得快速表现成为可能。在效果图制作领域，不同的工作阶段都可以使用 AIGC 工具进行辅助制图。例如，在项目前期，可以使用 Stable Diffusion 生成风格参考图，也可以用 3ds Max 的空间和家居体块引导 Stable Diffusion 进行更为精确的生成。

7.2.1　输入 Stable Diffusion 提示词

1. 启动和准备大模型

步骤 01 启动 Stable Diffusion。双击"A 启动器"图标，在系统弹出的启动器界面中点击"一键启动"按钮，程序响应完毕，即可启动 Stable Diffusion，如图 7-43 和图 7-44 所示。

图 7-43

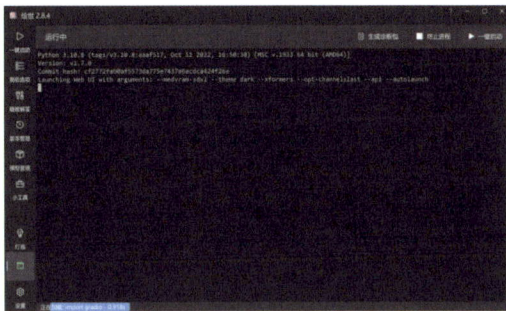

图 7-44

步骤 02 选择 Stable Diffusion 大模型。在 Stable Diffusion 程序界面左上方"Stable Diffusion 模型 (ckpt)"处选择"realisticVisionV60_v6.0"大模型，"模型的 VAE (SD VAE)"处选择"vae-ft-mse-840000-ema-pruned"，如图 7-45 所示。

图 7-45

2. 输入提示词

步骤 01 输入正向提示词。在"文生图"面板中的正向提示词输入区域输入"Bedroom renderings,New chinese style,Window,Bed,Masterpiece,Best quality"，所对应的中文翻译为"卧室效果图，新中式风格，窗户，床，杰作，最佳品质"，如图 7-46 所示。

步骤 02 输入反向提示词。在反向提示词输入区域输入"Text,error, Worst quality, Low quality, Normal quality,Jpeg artifacts,Signature, Watermark, Username, Blurry"，所对应的中文翻译为"文本，错误，最差质量，低质量，正常质量，Jpeg 伪影，签名，水印，用户名，模糊"，如图 7-47 所示。

图 7-46

图 7-47

7.2.2 直接使用 Stable Diffusion 生图

步骤 01 设置生成参数。设置"采样方法 (Sampler)"为"Euler a",设置"迭代步数 (Steps)"为"30",设置"宽度"为"800",设置"高度"为"450",设置"生成批次"为"9",设置"提示词相关性 (CFG Scale)"为"7",设置"随机种子 (seed)"为"-1",其参数界面如图 7-48 所示。

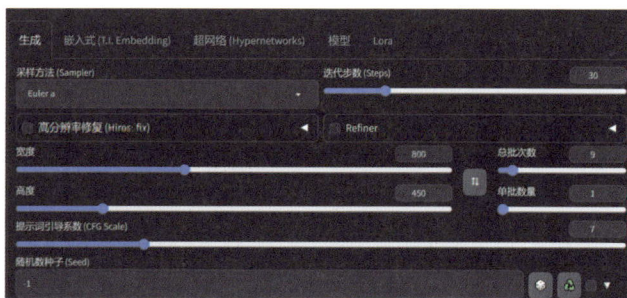

图 7-48

步骤 02 执行生成操作。单击"生成"按钮,执行生成操作。整个计算过程需要消耗数秒至几十秒钟的时间,用户可在进度显示中查看所剩时间,计算过程如图 7-49 所示。生成完毕的结果和参数如图 7-50 所示。

图 7-49

图 7-50

步骤 03 查看生成结果。单击图像生成结果的预览图界面,可进行放大显示。生成结果可为空间布局、色彩搭配、柜体装饰、艺术效果等提供有价值的参考,如图 7-51 所示。

图 7-51

7.2.3　空间结构引导 Stable Diffusion 生图

1. 3ds Max 输出设置

用前面的方法可以使 Stable Diffusion 快速生成参考图。但由于 AIGC 的随机性，其与空间的对应性上易不受控制。用户如果想生成较为准确的空间的效果图，可以通过已建立的 3ds Max 模型结构引导 Stable Diffusion 生成，具体操作步骤如下。

步骤 01　设置摄影机。进入"创建"面板，单击"摄影机"｜"标准"｜"目标"按钮，在顶视图中拖曳创建摄影机，如图 7-52 所示。

步骤 02　调节摄影机参数。将摄影机 Z 轴提高，设为"1200mm"，如图 7-53 所示。在"修改"面板的"参数"卷展栏中，设置"备用镜头"为"20mm"。接着调节摄影机参数当中的"近距剪切""远距剪切"来控制摄影机显示范围，如图 7-54 所示。按键盘上的 Shift+F 快捷键，调出"安全框"，观察空间的效果，如图 7-55 所示。

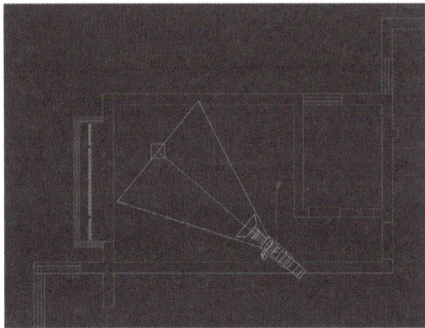

图 7-52

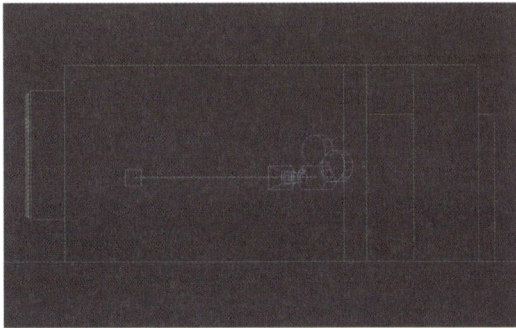

图 7-53

187

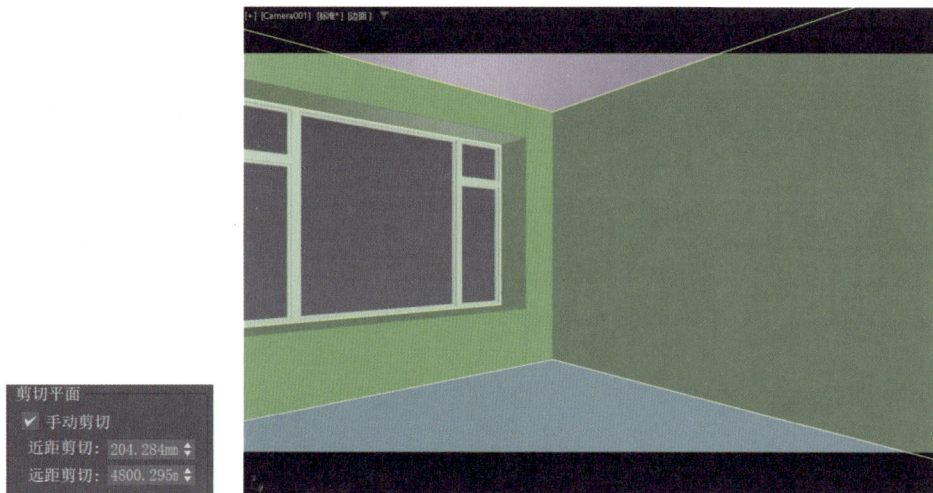

7-54   图 7-55

步骤 **03** 设置外景。按键盘上的 8 键，调出"环境和效果"对话框，设置环境 HDR 贴图后将其以"实例"的方式拖进材质编辑器。接着在材质编辑器中设置"贴图"类型为"球形环境"，如图 7-56、图 7-57 所示。

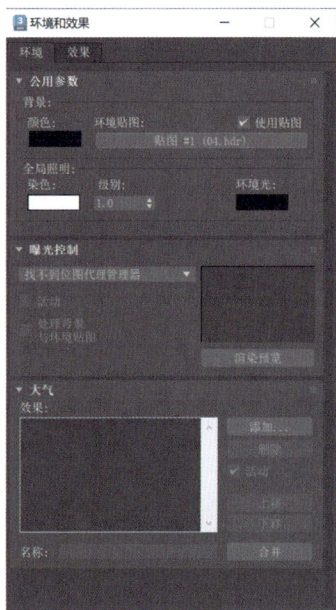

图 7-56

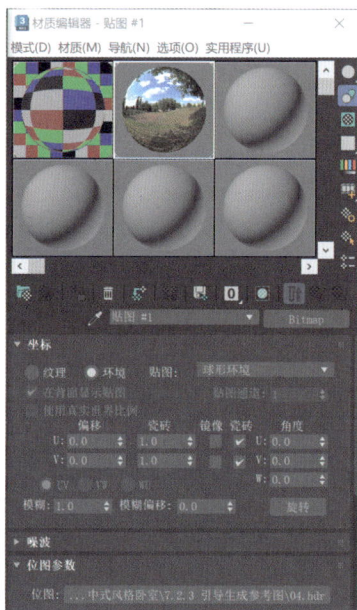

图 7-57

步骤 **04** 渲染并进行亮度调节。将房间中的主要界面赋予 VRayMtl 默认材质，这时界面会变得更为简洁。按键盘上的 Shift+Q 快捷键进行渲染，渲染完毕后在"V-Ray Frame Buffer"面板"图层"选项卡的"显示色彩校正"中调整曝光度为"1.6"，以提亮空间效果，如图 7-58、图 7-59 所示。

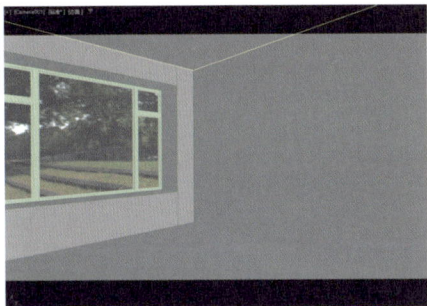

图 7-58

图 7-59

步骤 05 保存输出图片。单击"V-Ray Frame Buffer"面板中的"保存当前通道"图标按钮 💾，选择输出路径和输出格式，即可完成渲染图像的保存，如图 7-60 所示。

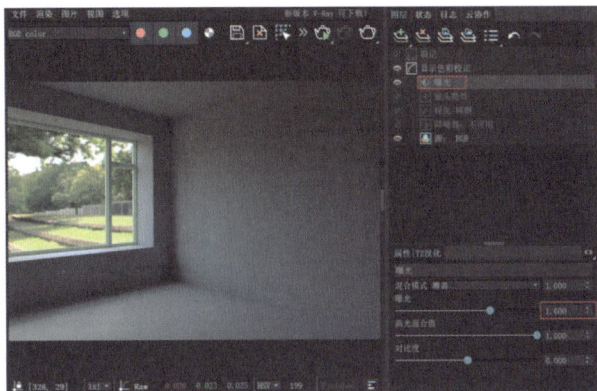

图 7-60

2. Stable Diffusion 效果图生成

步骤 01 选择大模型。设置"Stable Diffusion 模型"为"室内现代风格大模型"；设置"外挂 VAE 模型"为"vae-ft-mse-840000-ema-pruned"。

步骤 02 输入正、反向提示词。在"图生图"面板中的正向提示词输入区域输入"Bedroom renderings,New chinese style,Window,Bed,Masterpiece,Best quality"，所对应的中文翻译为"卧室效果图，新中式风格，窗户，床，杰作，最佳品质"；在反向提示词输入区域输入"Text,error, Worst quality, Low quality, Normal quality,Jpeg artifacts,Signature, Watermark, Username, Blurry"，所对应的中文翻译为"文本，错误，最差质量，低质量，正常质量，Jpeg 伪影，签名，水印，用户名，模糊"，如图 7-61 所示。

图 7-61

步骤 03 上传"图生图"底图。在"图生图"面板上传前面 3ds Max 渲染图作为底图，如图 7-62 所示。

步骤 04 上传 ControlNet 底图并设置参数。在"ControlNet 单元 0"面板中单击"点击上传"按钮，上传同一张图片作为 ControlNet 的底图，并设置相关参数。单击爆炸图标 ，系统即可进行线稿提取的计算，如图 7-63、图 7-64 所示。

步骤 05 执行生成操作。单击 Stable Diffusion 界面右上方的"生成"按钮，执行生成操作，得到的生成结果如图 7-65 所示。

图 7-62

图 7-63

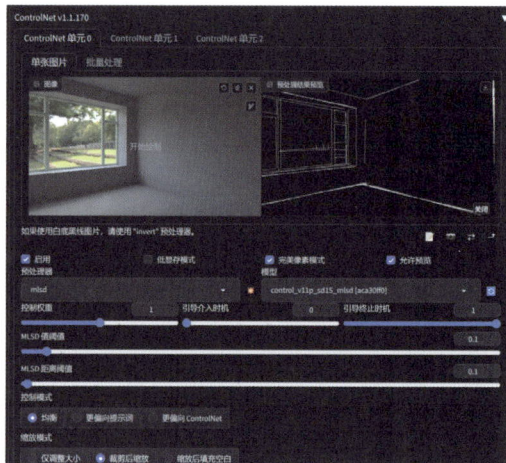

图 7-64

图 7-65

【温馨提示】

经过 ControlNet 的控制，本次生成的结果是严格按照 3ds Max 空间结构生成的效果图，但床等家具的位置还是处于随机状态。用户可以通过进一步的指引使 Stable Diffusion 生成更符合要求的效果图。

7.2.4 体块引导 Stable Diffusion 生图

除了空间结构引导之外，为了限制空间中主要家具的摆放位置，可以在空间中创建出简单的几何体进行示意，以帮助 AIGC 更准确地生成参考图。

步骤 01 创建长方体示意家具。在场景中创建几个长方体，分别示意床、床头柜、相框，并可对主要家具进行切角处理，如图 7-66 所示。创建完毕后，赋予统一的 VRayMtl 默认材质，进行渲染。当渲染完毕，在 "V-Ray Frame Buffer" 面板 "图层" 选项卡的 "显示色彩校正" 中调整曝光度为 "1.6"，"对比度" 为 "-0.3"，如图 7-67 所示。

图 7-66

图 7-67

步骤 02 选择大模型。设置 "Stable Diffusion 模型" 为 "室内现代风格大模型"；设置外挂 VAE 模型为 "vae-ft-mse-840000-ema-pruned"。

步骤 03 输入正、反向提示词。在 "图生图" 面板中的正向提示词输入区域输入 "Bedroom renderings, New chinese style,Window,Bed,Photo frame,Masterpiece,Best quality"，所 对应的中文翻译为 "卧室效果图，新中式风格，窗户，床，相框，杰作，最佳品质"；在反向提示词输入区域输入 "Text,error, Worst quality, Low quality, Normal quality,Jpeg artifacts,Signature, Watermark, Username, Blurry"，所对应的中文翻译为 "文本，错误，最差质量，低质量，正常质量，Jpeg 伪影，签名，水印，用户名，模糊"，如图 7-68 所示。

图 7-68

步骤 04 上传 "图生图" 底图。在 "图生图" 面板上传前面添加了家具后的 3ds Max 渲染图作为底图。

步骤 05 添加 ControlNet 并设置参数。在 "ControlNet 单元 0" 面板中单击 "点击上传" 按钮，上传同一张图片作为 ControlNet 底图，并设置相关参数。接着单击爆炸图标，系统即可进行线稿提取的计算，如图 7-69 所示。

步骤 06 执行生成操作。单击 Stable Diffusion 界面右上方的 "生成" 按钮，执行生成操作，得到的生成结果如图 7-70 所示。从生成结果中可以发现，家具的位置和 3ds Max 渲染图绘制的家具体块位置是一一对应的。

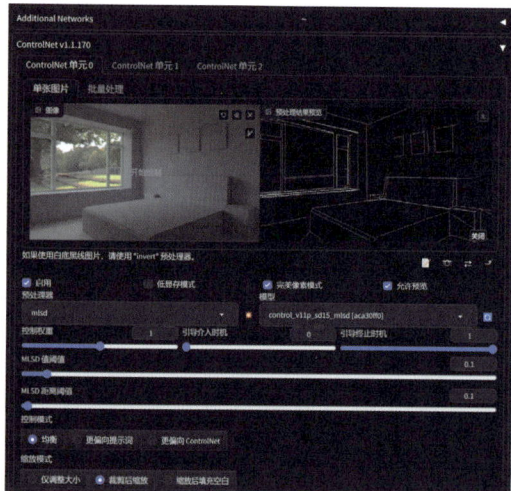

图 7-69

图 7-70

知识拓展 **使用 Lora 模型增强风格表现**

  Lora 模型是 Stable Diffusion 中的"微调"模型。用户单击"图生图"面板的右上方"Lora"选项卡，选择需要施加的 Lora 模型并单击，即可加载 Lora 效果。同时在正向提示词输入区也可以看见增加了该 Lora 模型的触发词，如图 7-71、图 7-72 所示。本例中增加的为新中式风格 Lora，其再次执行生成操作后的结果如图 7-73 所示。

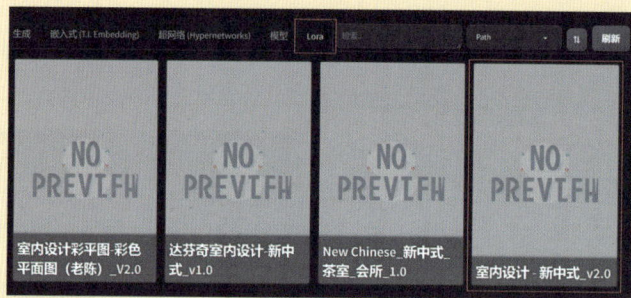

图 7-71

图 7-72

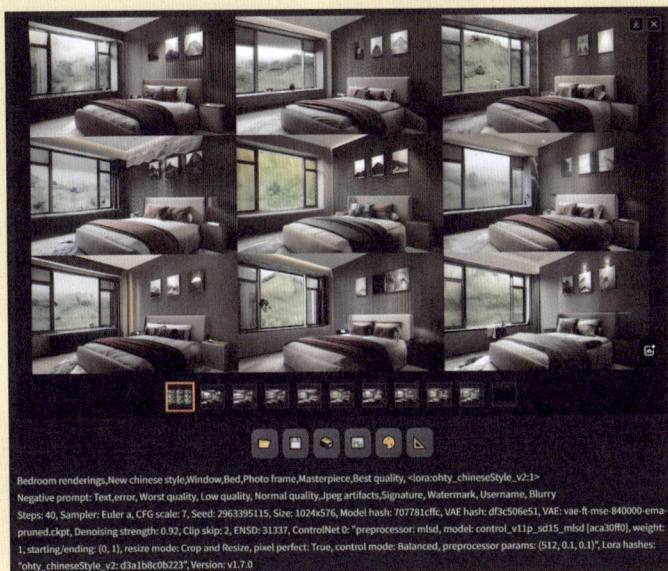

图 7-73

7.3 卧室吊顶的制作

除了使用 AIGC 辅助，还可以直接以 3ds Max 建模结合 V-Ray 渲染器的方式进行效果图制作，本节主要介绍卧室吊顶的建模。

步骤 01 设置观察相机。打开已完成的空间模型，在顶视图中创建目标摄像机，以方便观察空间，如图 7-74、图 7-75 所示。

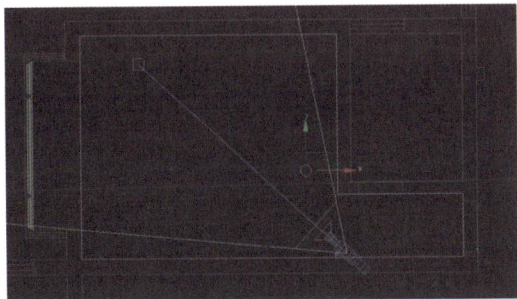

图 7-74

图 7-75

步骤 02 绘制外侧吊顶轮廓。使用样条线命令进行外侧吊顶轮廓线的绘制，接着绘制 250mm×250mm 的矩形作为绘制参照，完成边侧吊顶结构的绘制，如图 7-76、图 7-78 所示。

步骤 03 绘制外侧吊顶"双眼皮"结构。绘制"双眼皮"结构轮廓线，将其转换为可编辑样条线后，在"样条线"子层级内进行轮廓设置，"数量"为"20mm"，如图 7-79 所示。

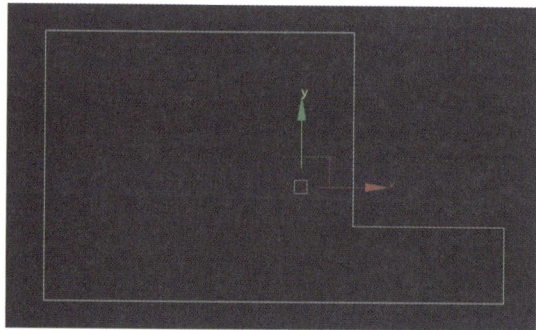

图 7-76

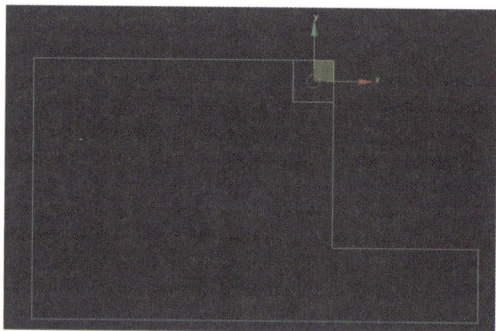

图 7-77

图 7-78

图 7-79

步骤 04 挤出结构厚度，并进行对齐。将"双眼皮"结构挤出"330mm"的数量，其余部分挤出"350mm"的数量，挤出完成的效果如图 7-80 所示。

步骤 05 绘制内侧吊顶主体。使用样条线命令进行内侧"悬浮式"吊顶下吊区域矩形的绘制。在将其转换为样条线后，在"样条线"子层级进行轮廓设置，"数量"为"280mm"。将所绘制图形往左移动，以便看清绘制线条。删除外侧轮廓线，并挤出"180mm"的数量，如图 7-81、图 7-82 所示。使用样条线命令继续沿外边绘制矩形。在转换为样条线后，在"样条线"子层级进行轮廓设置，"数量"为"80mm"，作为灯槽宽度；再挤出灯槽厚度，"数量"为"20mm"。用同样的方法制作灯槽挡板，轮廓的"数量"为"20mm"，挤出的"数量"为"80mm"。内侧吊顶制作完成效果如图 7-84 所示。

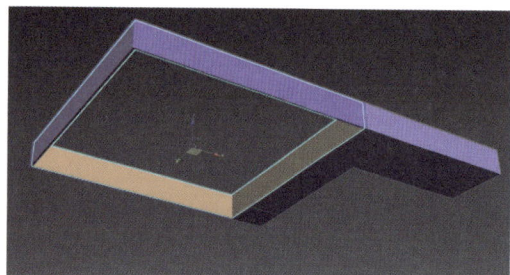

图 7-80

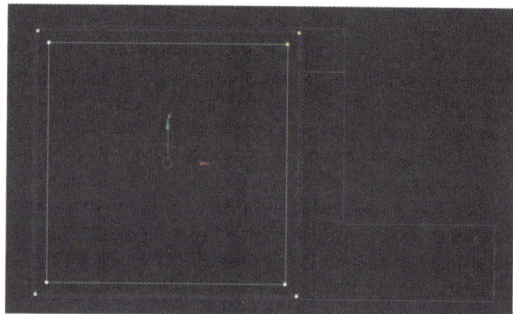

图 7-81

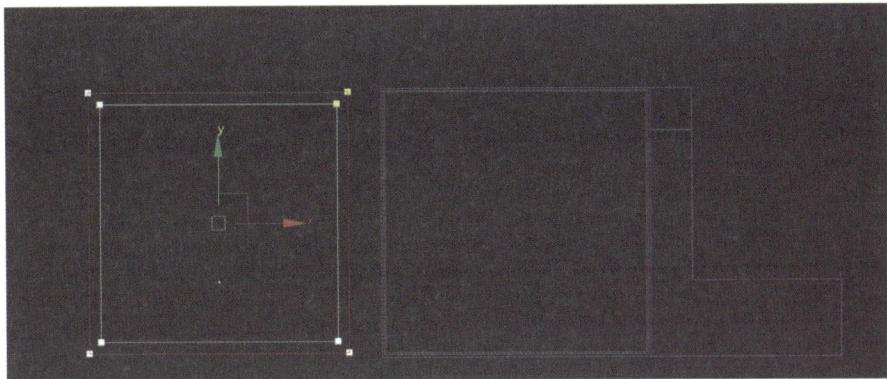

图 7-82

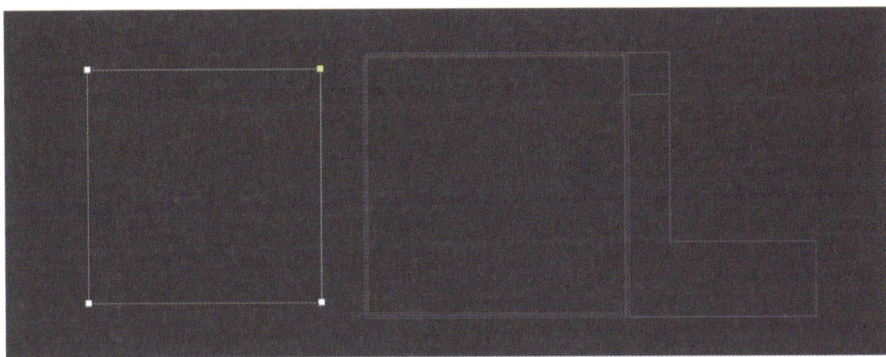

图 7-83

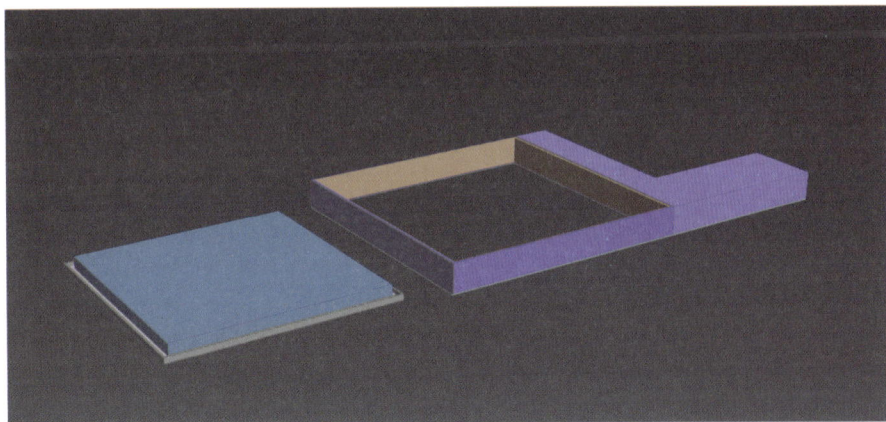

图 7-84

步骤 06 复位吊顶位置并赋予默认材质。使用"捕捉"工具将制作好的吊顶结构放置到原空间中，并使用默认材质赋予吊顶的模型，形成简洁统一的视觉效果，如图 7-85～图 7-86所示。

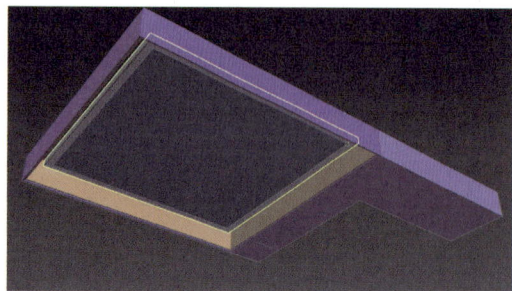

图 7-85

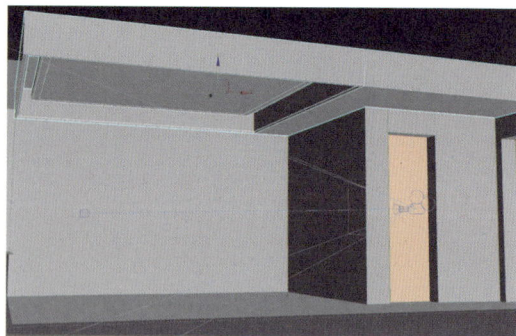

图 7-86

7.4 窗台和开放格的制作

如果空间在结构上允许改造，可以将新中式风格的元素融入空间，加强表现效果。这里以窗台和开放格为例，介绍制作方法。

步骤 01 绘制飘窗台柜体结构线。右击鼠标，将飘窗台结构部分进行边线连接，连接出柜体的划分线段，如图 7-87 所示。

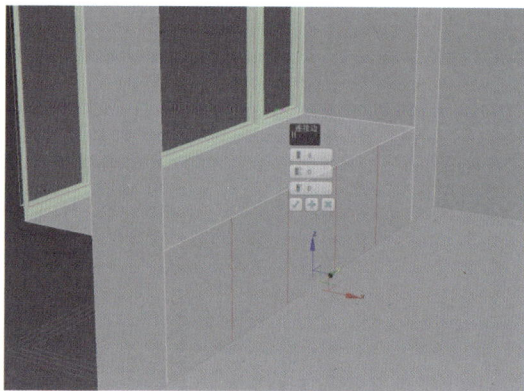

图 7-87

步骤 02 制作飘窗台柜体板厚。右击鼠标，选择飘窗台柜门板与柜体中间的部分，执行"挤出"命令，"数量"设置为"18mm"，形成柜体结构的部分，如图 7-88、图 7-89 所示。

步骤 03 绘制开放格体积。使用创建长方体命令，绘制出与窗台区域结构线匹配的开放格尺寸，并合理划分其内部的边线结构，如图 7-90、图 7-91 所示。

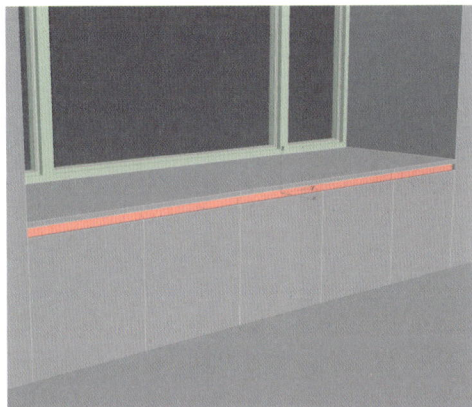

图 7-88

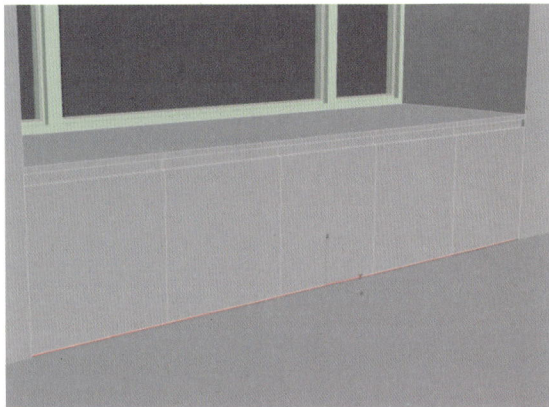

图 7-89

图 7-90

图 7-91

7.5 导入软装模型

用户可以到专业的模型网站上（如"3D溜溜网""建e网室内设计网"等网站）搜索和下载软装模型。值得注意的是，在使用网站的模型时，需要按照作品版权授权范围的说明进行使用。

步骤 01 导入模型。执行"文件"｜"导入"｜"合并"命令，将下载的模型合并至当前的空间场景文件，如图 7-92 至图 7-94 所示。

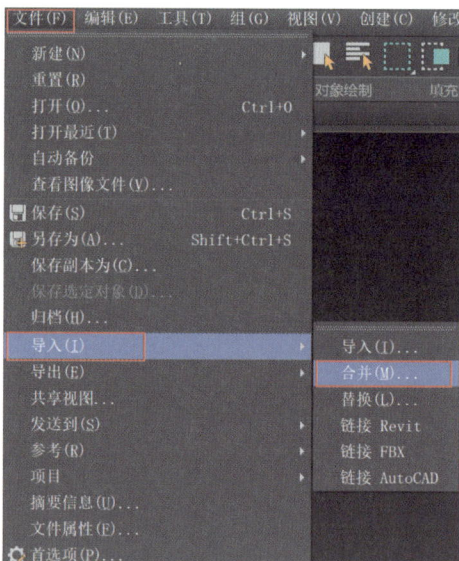

图 7-92

图 7-93

图 7-94

步骤 02 调整模型。执行"缩放"和"移动"命令，调整所导入模型的大小和位置，使其符合空间要求，如图 7-95、图 7-96 所示。

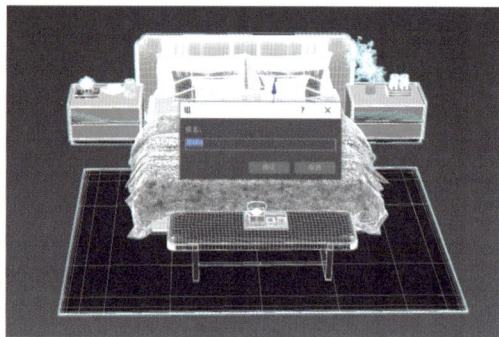

图 7-95

图 7-96

7.6　材质和灯光制作

材质的赋予、灯光的创建可依据用户的工作习惯在建模的阶段完成，也可以在建模完成后统一进行。

步骤 01 材质赋予。用户可以根据卧室不同材质的不同质感，通过 V-Ray 渲染器强大的材质功能，来调整相应参数，获得需要的质感表现。不同的材质效果及其参数如图 7-97 至图 7-103 所示。

图 7-97

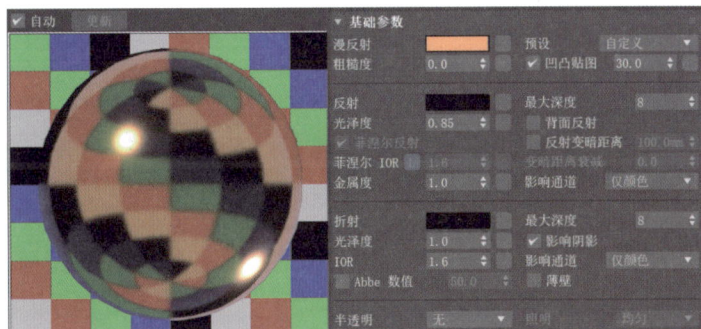

图 7-98

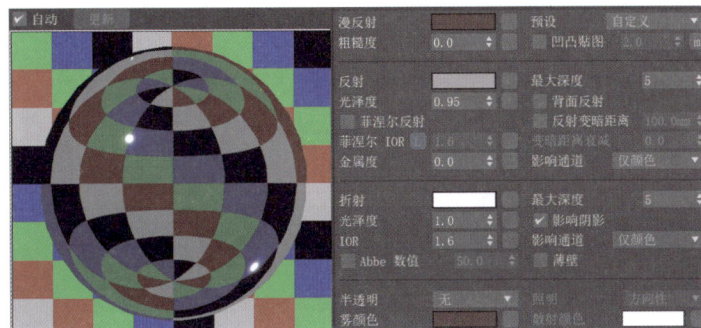

图 7-99

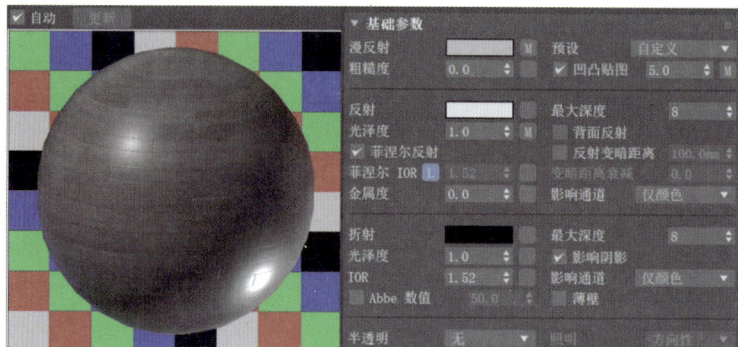

图 7-100

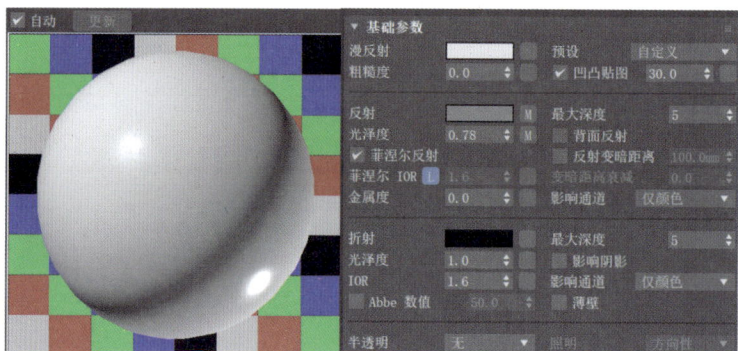

图 7-101

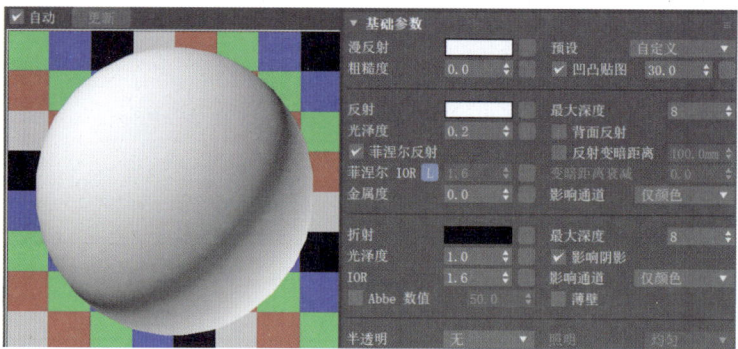

图 7-102

步骤 **02** 自然光设置。用户可以根据卧室开窗的方向，通过 V-Ray 渲染器的 VRay 灯光模拟出自然光线的效果，如图 7-103、图 7-104 所示。

步骤 **03** 人造面光源设置。用户可以根据卧室内照明灯具的特点、照射位置和照射强度，设置人造光源，模拟出室内各种灯具的光线效果。如创建顶棚灯带效果，首先创建出灯槽大小的 VRay 灯光，再进行实例复制，最后镜像调整其照射方向，即可完成人造面光源设置，如图 7-105 至图 7-107 所示。

图 7-103

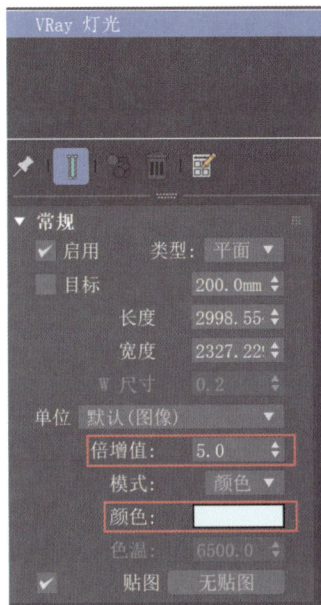

图 7-104

图 7-105

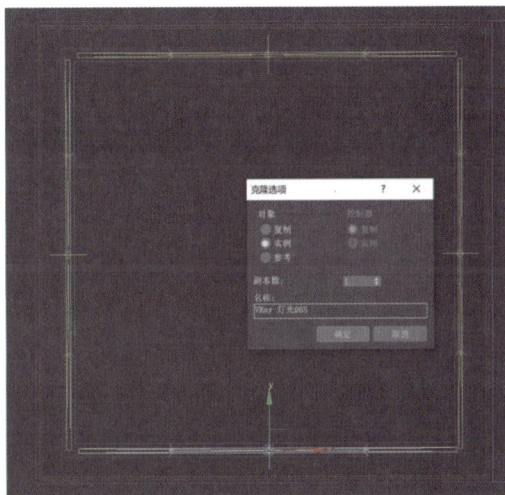

图 7-106

图 7-107

步骤 04 人造点光源设置。单击"创建"｜"灯光"｜"VRay"｜"VRayIES"按钮，在筒灯的位置布设 VRayIES 灯光，并选择合适的光度学 ies，即可模拟出室内点光源，如图 7-108、图 7-109 所示。

图 7-108

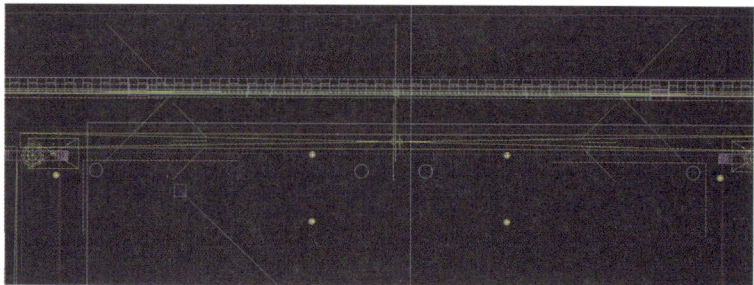

图 7-109

7.7 VRay 渲染

在室内效果图的制作工作中，当模型创建完毕，材质、灯光参数也调整到大体合适时，就可以进行渲染测试工作了。一个空间的效果图通常可以渲染 1 ~ 2 个角度来呈现效果，渲染也可分多次调整逐步完善。

步骤 01 设置摄影机角度。用户可以根据客户需求或卧室空间表现的重点区域进行相机的设置，并设置适合的相机高度和"剪切平面"范围，设置效果如图 7-110 至图 7-112 所示。

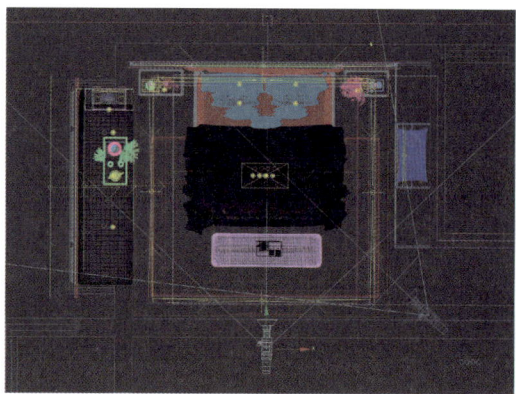

图 7-110

图 7-111

图 7-112

步骤 02 渲染参数设置。用户可以根据渲染质量的要求，输出不同尺寸和质量的效果图，通常中等品质效果图即可满足日常工作的需要。其中，渲染图片的尺寸主要由"输出大小"控制，图像的清晰程度主要由"渲染引擎"及其"细分"参数决定，如图 7-113、图 7-114 所示。

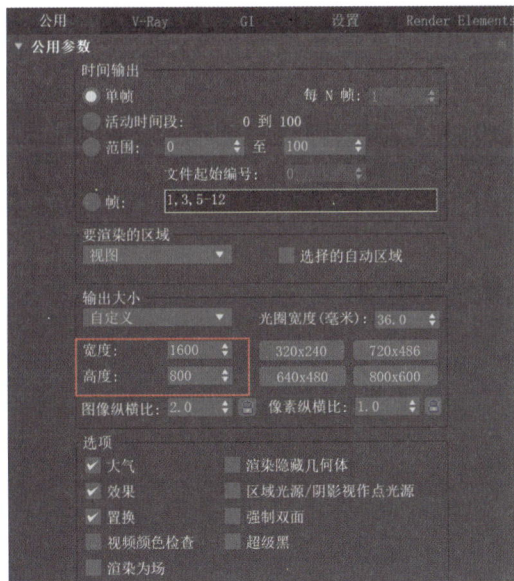

图 7-113

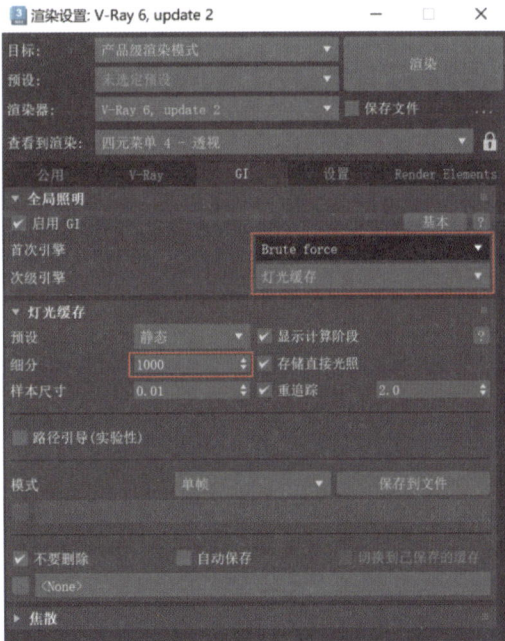

图 7-114

步骤 03 测试渲染。按键盘上的 Shift+Q 快捷键，进行渲染测试，系统将进行渲染计算，如图 7-115 所示。待一个摄影机视角的渲染计算完毕，即可渲染另一角度的摄影机视角，完成效果如图 7-116～图 7-117 所示。

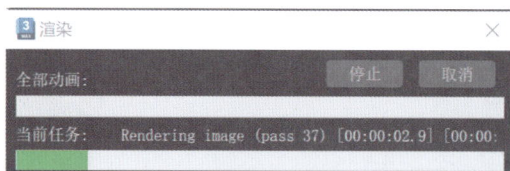

图 7-115

图 7-116

图 7-117

第8章

综合案例（二）公共空间——办公区效果图制作

内容导读 📖

　　公共空间是室内设计中除居住空间外的重要空间类型，其所涵盖的类型较广，具体包括医疗、教育、图书馆、商场、办公、餐饮娱乐、酒店民宿等。本章以办公区为例，结合 AIGC 技术介绍 3ds Max 公共空间效果图的制作。

学习目标 🎓

- √ 掌握公共空间——办公区的建模流程
- √ 掌握公共空间——办公区的建模技巧
- √ 掌握 AIGC 辅助制作公共空间效果图的方法

8.1 空间结构的建模

公共空间办公区效果图与居住空间效果图的制作方法类似，整个工作的流程涉及 3ds Max 的建模、材质、灯光、渲染技术的综合运用。在制作的过程中，公共空间同样也可以利用 AIGC 技术的辅助来增加工作效率。

8.1.1 原始建筑图 CAD 整理

1. 准备图纸

公共空间原始结构的建模基础尺寸数据可以通过测量获得，也可以通过甲方提供的图纸获得。本案例中的图纸如图 8-1 所示，阴影代表非设计区。

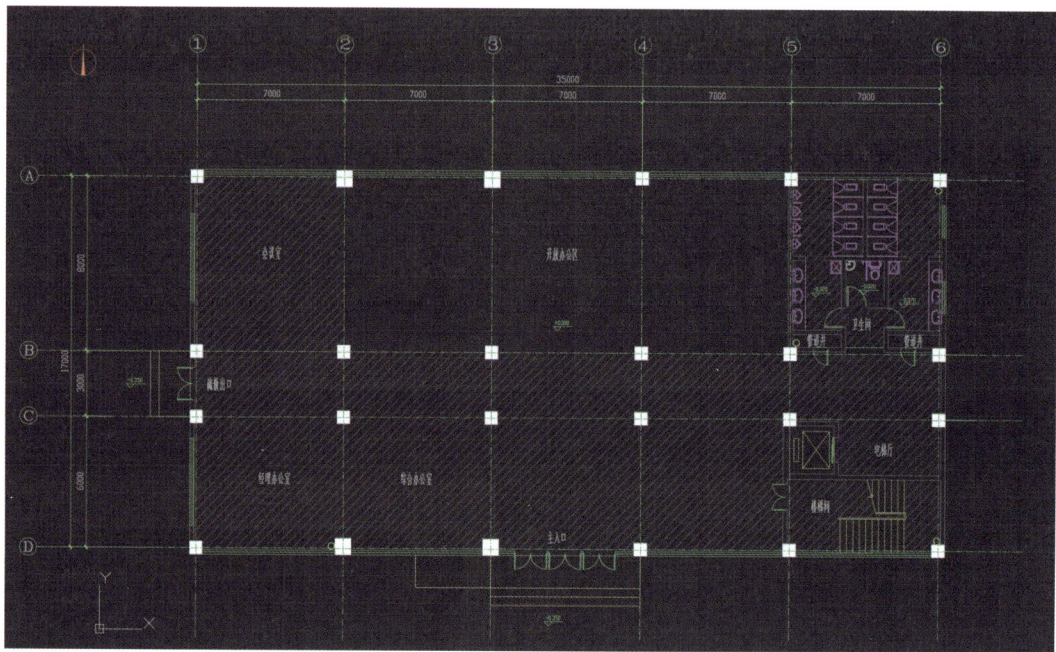

图 8-1

【温馨提示】

公共空间面积通常较大，在制作效果图的时候，由于计算机运算能力有限，除了原始空间围护结构外，一般无须进行整体制作，而是将整个空间划分为若干局部分别进行制作。

2.整理图纸

准备好 CAD 图纸后，首先需对图纸进行整理。将非设计区的内容和 CAD 中的装饰完成面、各类标注、说明、装饰等不需要的线条进行删除，并按键盘上的 X 键执行"分解"命令，将所有图层合并至 0 图层，保持图纸清晰。整理后的图纸如图 8-2 所示。

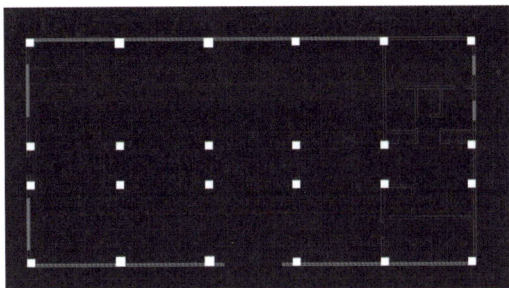

图 8-2

3.清理并保存图纸文件

在 CAD 命令行中输入"PU"，执行"清理"操作，弹出如图 8-3 所示的对话框。单击"全部清理"按钮，对图中的多余信息进行处理。在弹出的"清理 – 确认清理"对话框中，选择"清理此项目"选项，如图 8-4 所示。经过数次清理操作，对话框中的"全部清理"按钮变为灰色，代表清理完毕。清理完毕后，需将 CAD 图纸及时进行保存。

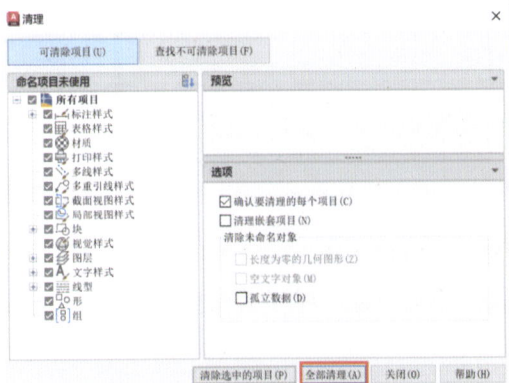

图 8-3

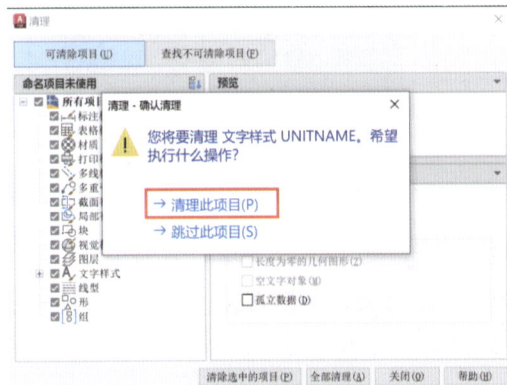

图 8-4

【温馨提示】

另存为 CAD 文件时，用户最好选择较低的 CAD 版本格式作为文件类型，这样可以确保文件能在不同版本的 3ds Max 中顺利打开。若保存的 CAD 版本高于 3ds Max 的版本，则很有可能会出现无法识别的情况。通常，如果没有特殊要求，用户可以将文件类型设置为"AutoCAD 2007/LT2007 图形"格式，如图 8-5 所示。

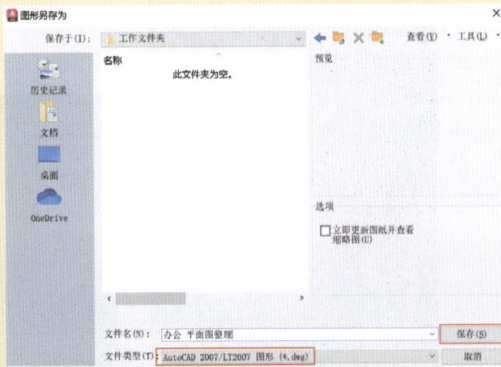

图 8-5

8.1.2　建筑空间结构建模

1. 建模准备

在建筑空间结构建模工作开展之前，用户应当检查 3ds Max 的系统单位是否为"毫米"。设置系统单位的步骤在 7.1.2 节中已作介绍，这里不再赘述。

2. 导入 CAD

步骤 01　执行导入命令。执行"文件"｜"导入"｜"导入"命令，系统将弹出"选择要导入的文件"对话框，选择整理好的 CAD 文件，单击"打开"按钮，如图 8-6 所示。

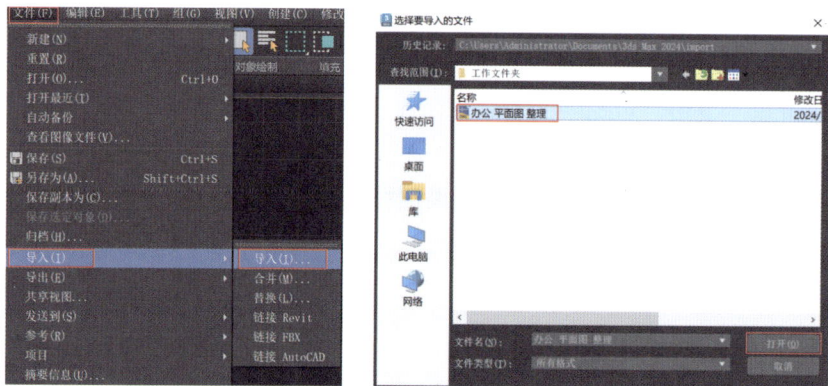

图 8-6

步骤 02　设置导入选项。在弹出的"AutoCAD DWG/DXF 导入选项"对话框中，选择"焊接附近顶点"选项，如图 8-7 所示。单击"确定"按钮即可实现 CAD 的导入。在 3ds Max 中导入 CAD 后的界面如图 8-8 所示。

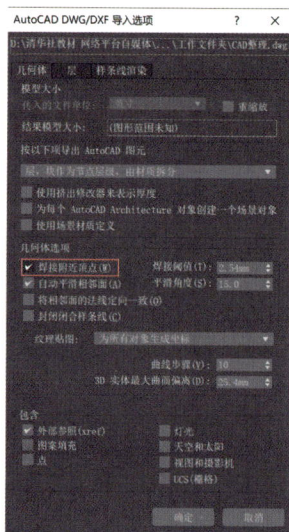

图 8-7

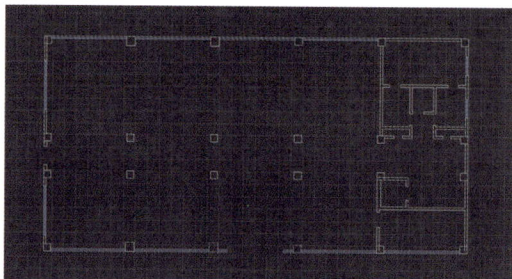

图 8-8

【温馨提示】

　　如果导入 3ds Max 的 CAD 线型位置发生了改变，则可通过限制"AutoCAD DWG/DXF 对话框"中的"焊接阈值"将其范围缩小，使导入线型更为准确。

3. 成组并归零坐标

步骤 01 创建组。用"选择"工具将导入的 CAD 图纸框选，选择"组"｜"组"命令，在弹出的"组"对话框中命名并单击"确定"按钮，即可将其创建成一个整体，如图 8-9、图 8-10 所示。

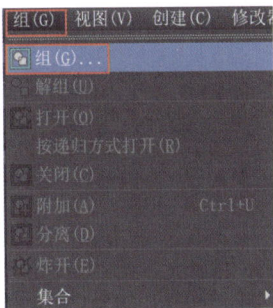

图 8-9

图 8-10

步骤 02 归零坐标。将成组后的 CAD 选中，并执行"选择并移动"命令。这时，用户可以在视图界面下方坐标输入区的各轴向数值输入框中设置数值为"0"，也可以右击上下箭头图标 ⇕，实现坐标的归零，如图 8-11、图 8-12 所示。

图 8-11

图 8-12

步骤 03 取消网格显示。按键盘上的 G 键来执行"显示 / 取消网格"命令，此时网格处于取消状态，用户从视图界面观察 CAD 将变得更为清晰，如图 8-13、图 8-14 所示。

图 8-13

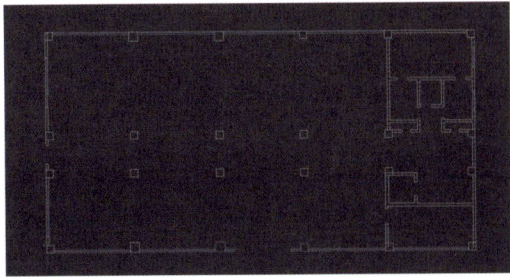

图 8-14

4. 冻结 CAD 底图

选择 CAD 底图并右击，调出快捷菜单，执行"冻结当前选择"命令，如图 8-15 所示。冻结了的对象默认以灰色的颜色显示，并不可被选中和执行编辑操作。

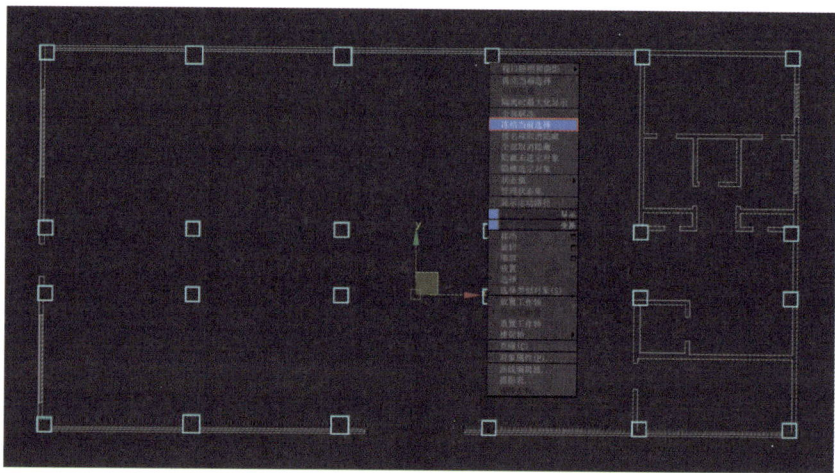

图 8-15

5. 创建墙体与结构

步骤 01 墙体描线前的设置。按键盘上的 S 键，打开"捕捉"开关，设置捕捉模式为"2.5D"。右击图标 ，系统弹出"栅格和捕捉设置"对话框，在"捕捉"选项卡中激活"顶点""端点""中点"选项，如图 8-16 所示。接着，切换至"选项"选项卡，勾选"捕捉到冻结对象"选项，如图 8-17 所示。设置完毕后，关闭该对话框。

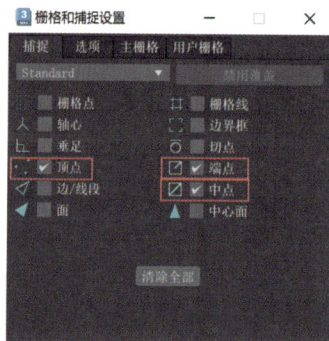

图 8-16

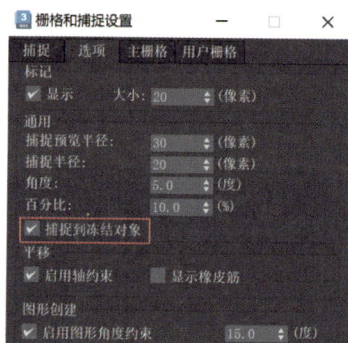

图 8-17

步骤 02 对墙线进行描线。单击"创建"｜"图形"｜"样条线"｜"线"按钮，以顺时针或逆时针方向，沿建筑内墙线的节点绘制线段端点。绘制完毕，将末端点将与首端点相连，弹出"样条线"对话框，如图 8-18 所示。单击"是"按钮，即可完成绘制，如图 8-19 所示。

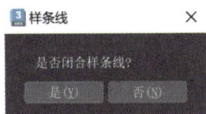

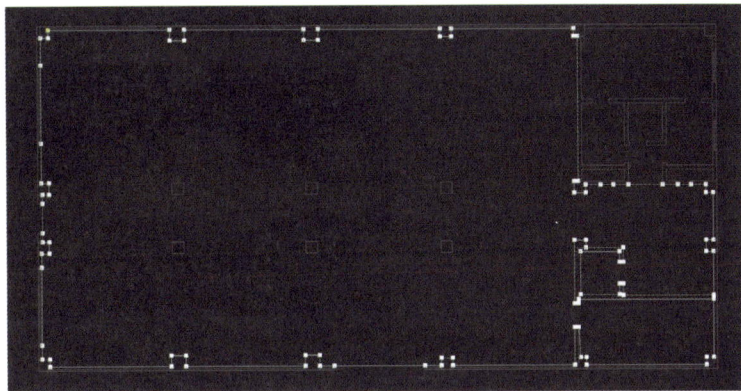

图 8-18　　　　　　　　　　　　　　　　图 8-19

【温馨提示】

　　对于大空间，可用单面建模绘制外围护结构，再单独绘制内部框架柱，这样可以缩短建模时间。当然，如果主要目的是为了展示空间的整体鸟瞰效果，最好使用双面建模，将墙体建成实体，这有助于效果呈现。

步骤 03　挤出建筑空间体积。打开"捕捉"工具，选择已绘制的内墙线，单击"修改"| "挤出"按钮，如图 8-20 所示。在"参数"卷展栏的"数量"参数中输入挤出高度"3300mm"，如图 8-21 所示。

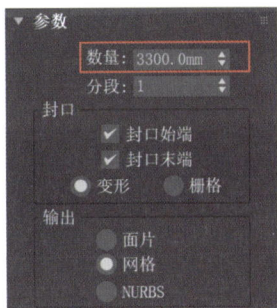

图 8-20　　　　　　　　　　　　　　　　图 8-21

步骤 04　转化为可编辑多边形。右击鼠标，在弹出的快捷菜单中选择"转换为可编辑多边形"命令，如图 8-22 所示。按键盘上的 4 键，进入"多边形"子层级。按 Ctrl+A 快捷键全选对象，再右击鼠标，在系统弹出的快捷菜单中选择"翻转法线"命令，如图 8-23 所示。

步骤 05　设置对象属性。右击鼠标，在弹出的快捷菜单中选择"对象属性"命令，系统会弹出"对象属性"对话框，勾选"背面消隐"选项，如图 8-24 所示。接着右击，在快捷菜单中勾选"忽略背面"选项，如图 8-25 所示。

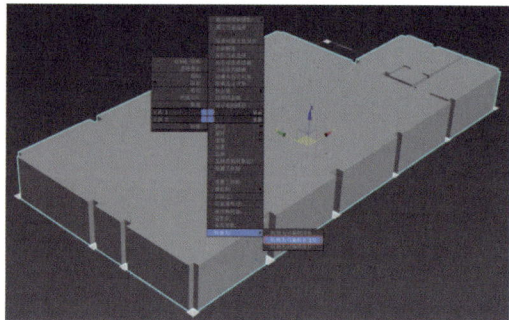

图 8-22

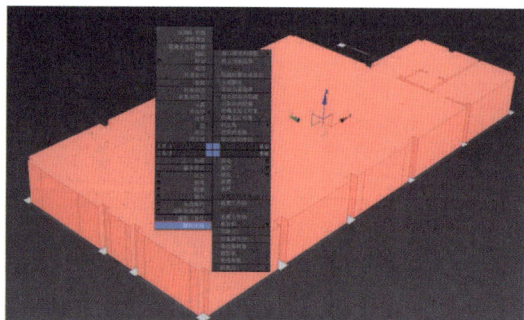

图 8-23

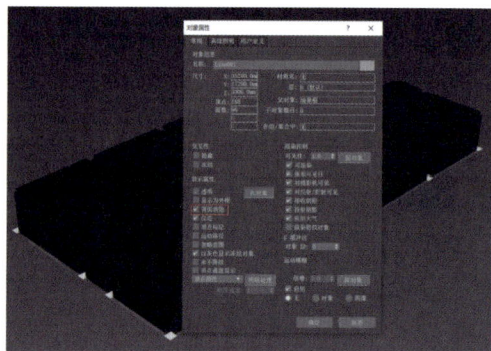

图 8-24

图 8-25

【温馨提示】

　　单面建模时，背面的面被设置成了消隐状态，它们虽然不可见，但在选择面的时候依然可以被选中。为了不使消隐的面影响选择，勾选"忽略背面"选项再进行选择，背面将不可被选择，这样能方便操作。

步骤 06 分离顶面、地面。在"多边形"子层级下，分别选择顶面和地面的多边形区域。在"修改"面板"多边形"层级下的"编辑几何体"中执行分离，使顶面和地面与主体分离。更改顶面和地面的颜色，方便图形观察与建模管理，如图 8-26 所示。

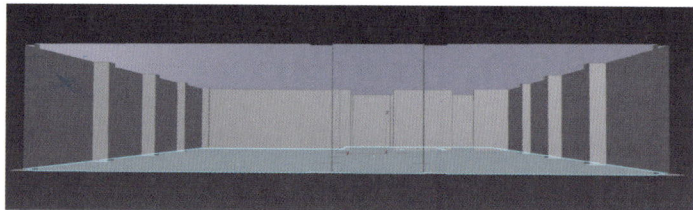

图 8-26

07　绘制框架柱。在捕捉状态下绘制与 CAD 图纸中柱子尺寸相同的矩形，并执行修改器"挤出"命令，设置"挤出"数量为"3300mm"。绘制重复的柱子可按住 Shift 键拖动鼠标，执行"实例"方式的"克隆"命令，系统会弹出"克隆选项"对话框，单击"确定"按钮，如图 8-27、图 8-28 所示。

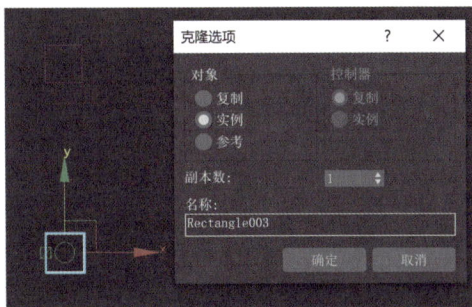

图 8-27

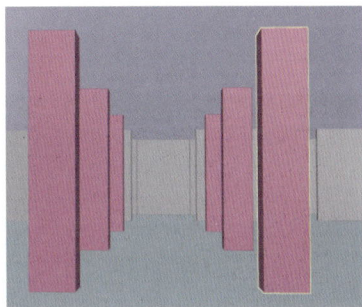

图 8-28

08　塌陷框架柱。将新建的柱子全部选中，进入"实用程序"面板，单击"塌陷"│"塌陷选定对象"按钮，选中的柱子即变为一个整体，方便模型管理。再将框架柱赋予默认材质以统一效果，如图 8-29、图 8-30 所示。

图 8-29

图 8-30

8.1.3　窗洞口的制作

由于本项目的办公空间视线区域内不涉及门洞，只需制作窗洞口区域即可。

1. 窗扇的划分

01　孤立窗间墙模型。选择窗户所在的墙体模型，按键盘上的 Atl+Q 快捷键，执行

"孤立"命令，这样在视图区可以更加清晰地观察和制作窗户细节，如图 8-31 所示。

步骤 02 连接并调整窗线。选中两侧的窗边线，右击鼠标，执行"连接"命令，设置连接的"数量"为"2"。在下方数值输入区的 Z 轴坐标中设置上方窗过梁线的高度为"2800mm"，设置窗台线 Z 坐标高度为"150mm"，如图 8-32、图 8-33 所示。

步骤 03 窗扇结构划分。将所绘制的上下窗线选中，右击鼠标，执行"连接"命令，设置连接的"数量"，将每个窗扇的宽度进行合理划分，如图 8-34 所示。

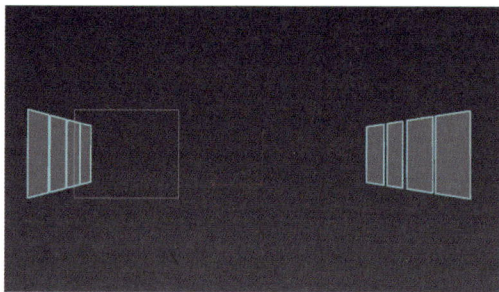

图 8-31

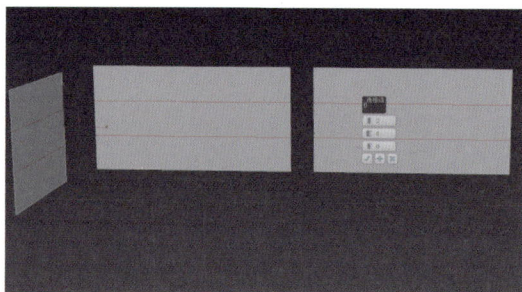

图 8-32

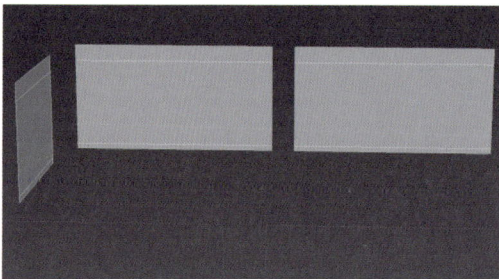

图 8-33

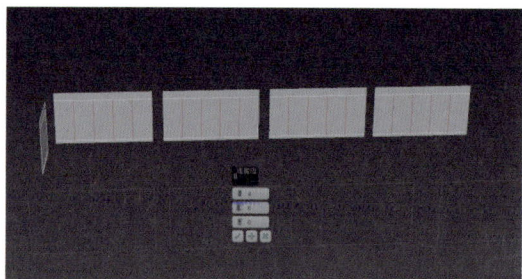

图 8-34

步骤 04 挤出窗厚度并分离。选中全部窗扇，右击鼠标，执行"挤出"命令，设置挤出的高度为"-120mm"，如图 8-35 所示。再将窗扇的区域与主体分离，方便后续的操作。

2. 窗扇细节制作

步骤 01 孤立窗扇模型。选择窗扇模型，按键盘上的 Alt+Q 快捷键，执行"孤立"命令，方便观察和细节制作，如图 8-36 所示。

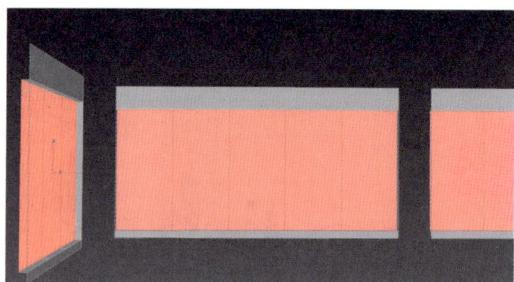

图 8-35

步骤 02 窗扇结构制作。在"多边形"子层级下选择所有窗体，右击鼠标，执行"倒角"命令，设置"倒角模式"为"按多边形"；接着设置"轮廓"为"-30mm"，设置"高度"

为"-30mm"。接着继续设置"轮廓"为"-20mm"，设置"高度"为"-20mm"，单击"应用"按钮，窗扇结构效果制作完成，如图 8-37 所示。

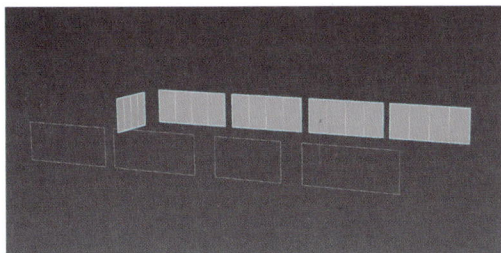

图 8-36

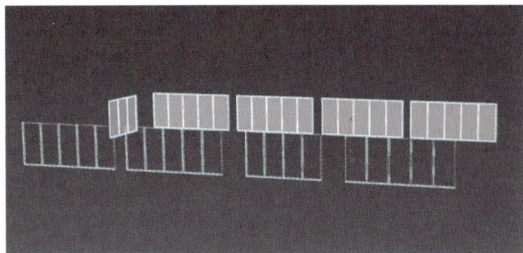

图 8-37

步骤 03 分离玻璃并赋予材质。将窗户的玻璃部分选中，执行"分离"命令，使之与主体分开。按键盘上的 M 键，调用材质编辑器，在选用 VRayMtl 材质后将"折射"参数的色块设置成近白色，如图 8-38 所示。将调整好的玻璃材质拖曳至窗户的玻璃区域，退出"孤立"模式，窗户制作完成，效果如图 8-39 所示。

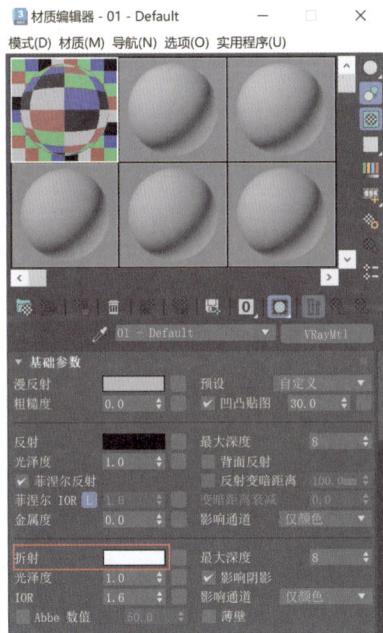

图 8-38

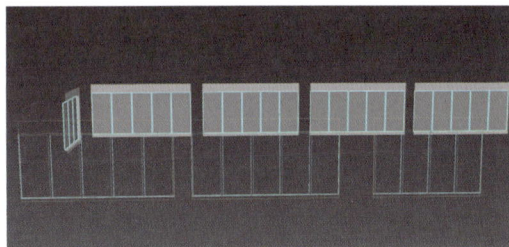

图 8-39

8.2 AIGC 创意辅助

无论是居住空间还是公共空间，都可以根据项目需求在不同阶段使用 AIGC 工具进行辅助制图。AIGC 可为效果表现工作提供布光、材质效果、配色等方面的参考。

8.2.1　3ds Max 模型视角输出

1. 创建摄影机

步骤 01 创建摄影机。在 3ds Max 中，进入"创建"面板，接着单击"摄影机"｜"标准"｜"目标"按钮，在顶视图中拖曳创建摄影机，如图 8-40 所示。

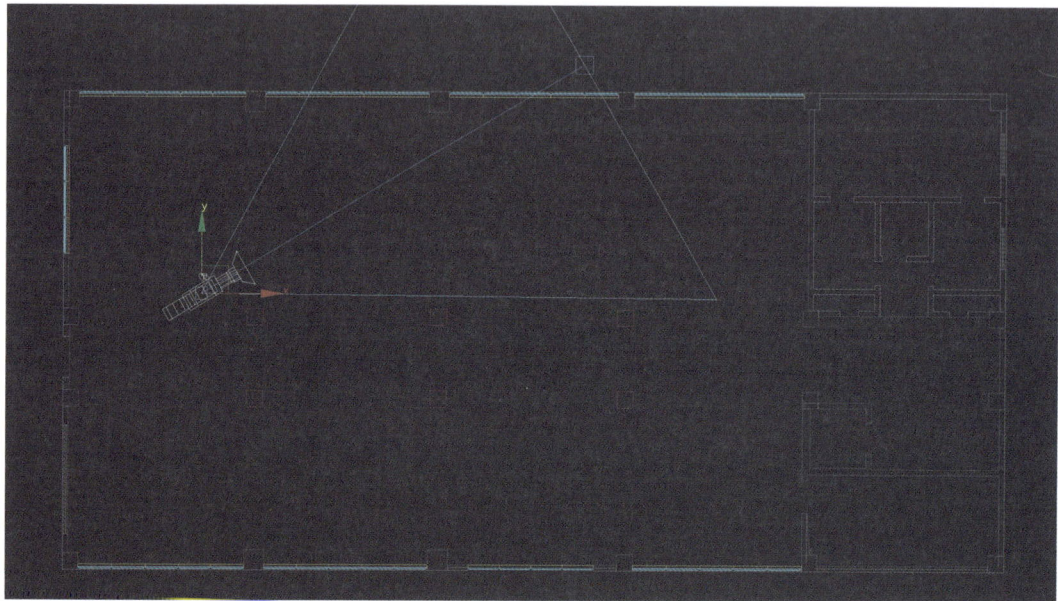

图 8-40

步骤 02 调节摄影机参数。将摄影机提高 Z 轴高度为"1200mm"，如图 8-41 所示。在"修改"面板的"参数"卷展栏中设置"备用镜头"为"20mm"。

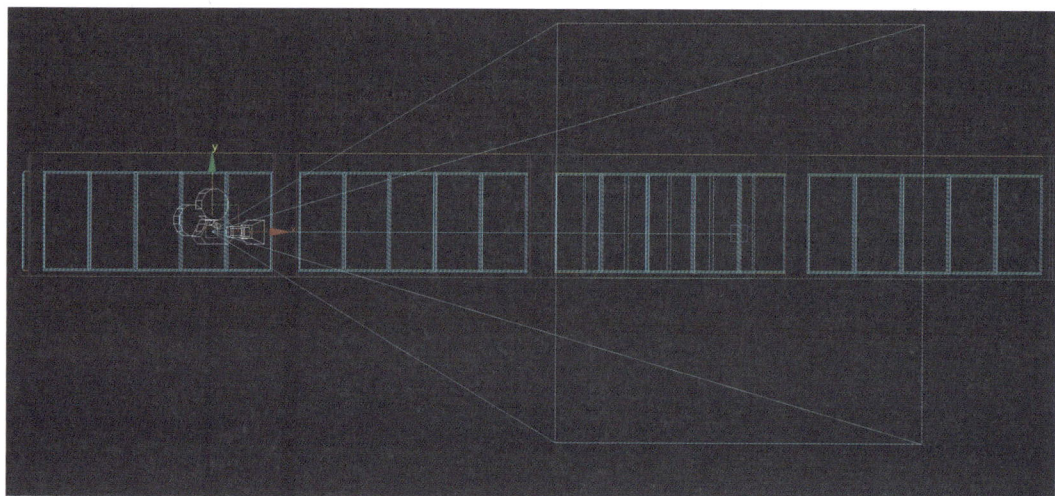

图 8-41

步骤 **03** 设置观察效果。调节摄影机参数当中的"近距剪切""远距剪切"来控制摄影机显示范围。接着按键盘上的 Shift+F 快捷键调出"安全框"，再按键盘上的 C 键切换至摄影机视图观察空间的效果，如图 8-42 所示。

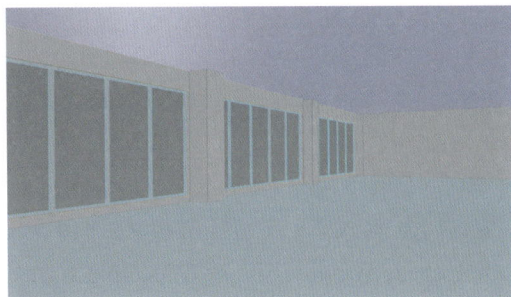

图 8-42

2. 导入基础模型

步骤 **01** 导入办公桌椅模型。下载好在模型网站的模型，执行"文件"｜"导入"｜"合并"命令，将模型合并至当前的空间场景，如图 8-43 所示。

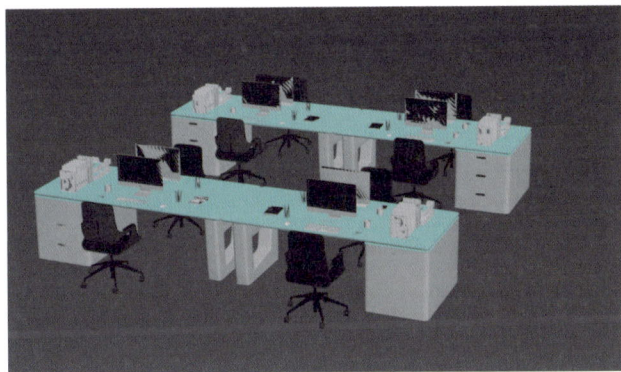

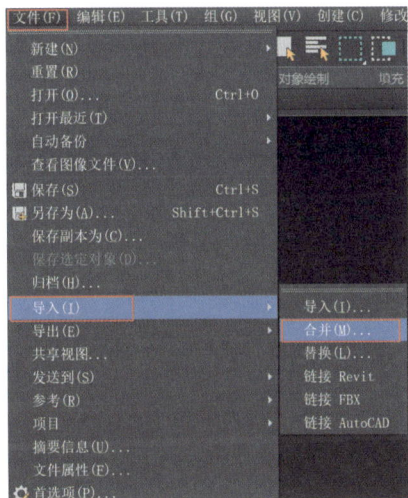

图 8-43

步骤 **02** 调整模型。将导入的模型进行合理的放置与调整，注意不要改变模型的正确比例关系，如图 8-44 所示。

图 8-44

8.2.2 Stable Diffusion 辅助生图

步骤 01 选择 Stable Diffusion 大模型。设置"Stable Diffusion 模型"为"室内现代风格大模型";设置"外挂 VAE 模型"为"vae-ft-mse-840000-ema-pruned",如图 8-45 所示。

步骤 02 输入正、反向提示词。在"图生图"面板中的正向提示词输入区域输入"Modern office space,Window,Simple,Masterpiece,Best quality,",所对应的中文翻译分别为:"现代办公空间,窗户,简约,杰作,最佳品质";在反向提示词输入区域输入"Worst quality, Low quality, Normal quality,Jpeg artifacts,Signature, Watermark, Username, Blurry",所对应的中文翻译分别为:"最差质量、低质量、正常质量、Jpeg 伪影、签名、水印、用户名、模糊",如图 8-46 所示。

图 8-45

图 8-46

步骤 03 上传"图生图"底图。单击"图生图"面板,并上传前面 3ds Max 输出图作为底图,如图 8-47 所示。

步骤 04 上传 ControlNet 底图并设置相关参数。在"ControlNet 单元 0"面板中单击"点击上传"按钮,上传同一张图片作为 ControlNet 的底图,并设置相关参数,接着单击爆炸图标█系统即可进行线稿提取的计算,如图 8-48 所示。

图 8-47

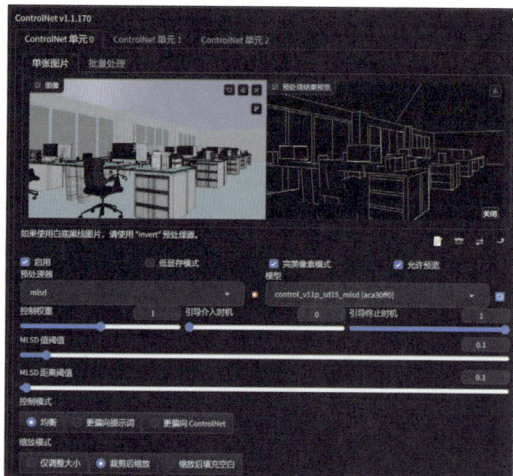

图 8-48

步骤 05 设置"图生图"面板参数。依据实际需求，在"图生图"面板，设置"重绘尺寸""迭代步数""总批次数"等参数，如图 8-49 所示。

步骤 06 执行生成操作。单击 Stable Diffusion 界面右上方的"生成"按钮，执行生成操作，得到的生成结果如图 8-50 所示。

图 8-49

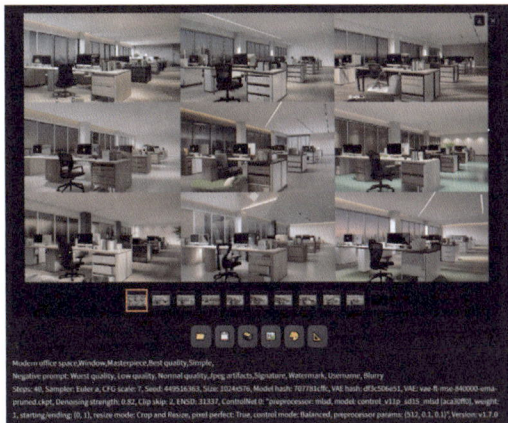

图 8-50

步骤 07 查看生成结果。单击图像生成结果的预览图，可进行放大显示。生成结果可为办公空间布局、色彩搭配、装饰艺术效果等提供有价值的参考，如图 8-51 所示。

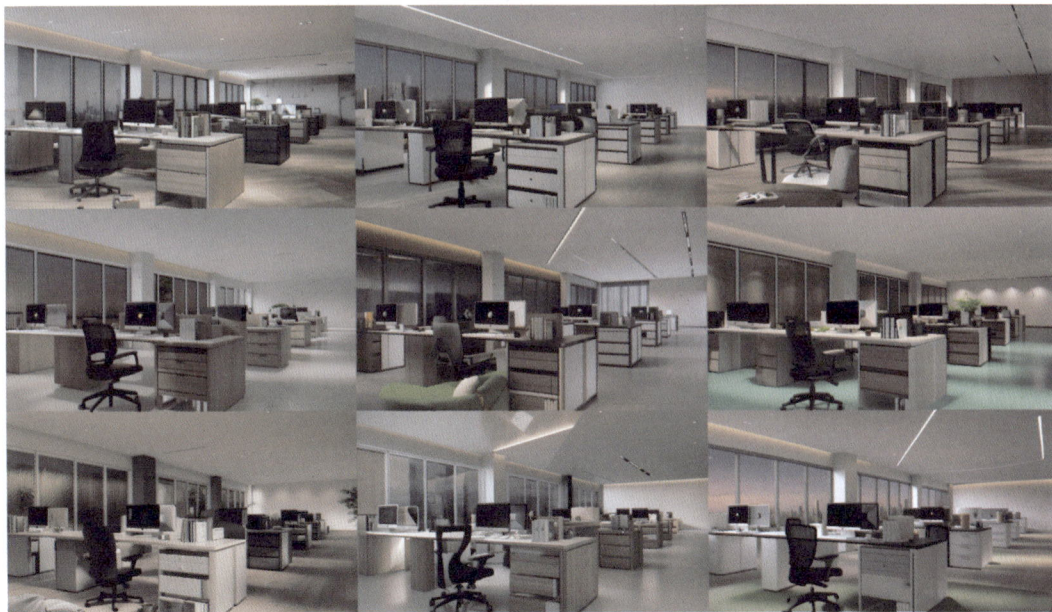

图 8-51

8.3 3ds Max 深化制作

在借助 AIGC 设计辅助时，用户可根据需要尝试多次生成，以获得更有价值的设计参考，方便 3ds Max 的深化制作。本节将介绍用 3ds Max 完成办公空间效果图制作的方法。

8.3.1 办公区吊顶的制作

步骤 01 绘制主吊顶轮廓。在顶视图中，进入"创建"面板，单击"图形"│"矩形"按钮，绘制出吊顶区域的边界线，如图 8-52 所示。

步骤 02 挤出主吊顶体积。选择所绘制的矩形，右击鼠标，将其转化为可编辑样条线。调整好各端点的位置后，调用"挤出"修改器，设置挤出"数量"为"400mm"，如图 8-53、图 8-54 所示。

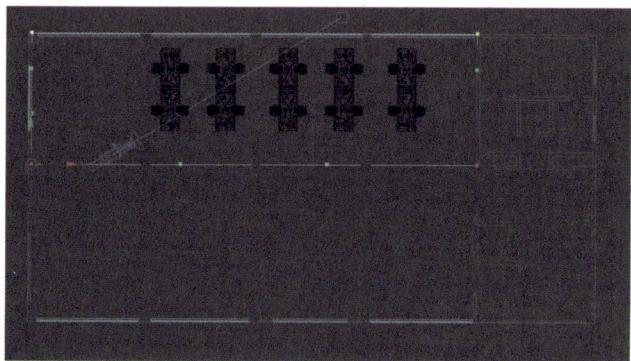

图 8-52

图 8-53

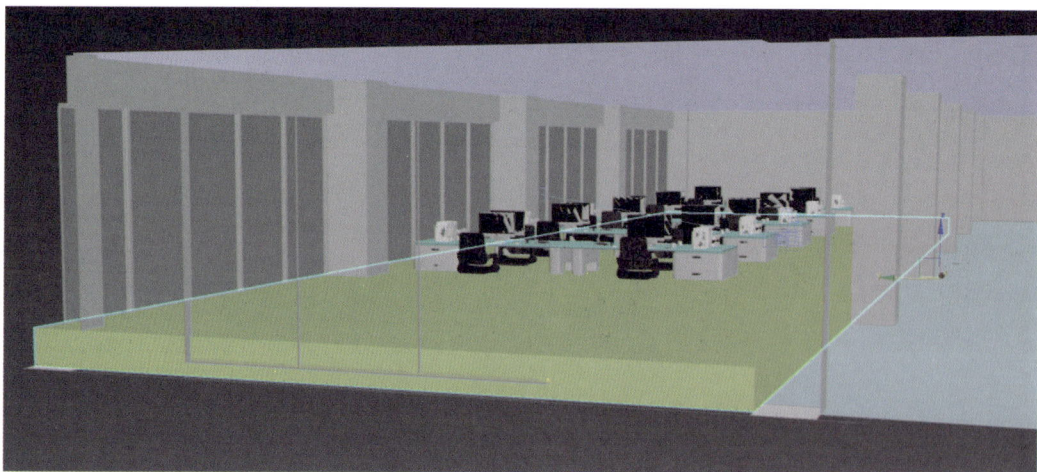

图 8-54

步骤 03 提升主吊顶高度。进入透视图，将主吊顶区域选中，调用"选择并移动"工具，在下方数值输入区的 Z 轴坐标中设置吊顶的数值为"2900mm"，如图 8-55 所示。

图 8-55

步骤 04 绘制过道吊顶。在顶视图中，选择已绘制的主吊顶模型，右击鼠标，将其转换为可编辑多边形。在右侧"修改"面板的"边"子层级下选择主吊顶两侧边线，执行"连接"命令，如图 8-56 所示。选择"图形"｜"矩形"命令，绘制出过道吊顶的边界线。边界绘制完毕，调用"挤出"修改器，并设置挤出"数量"为"200mm"，如图 8-57 所示。

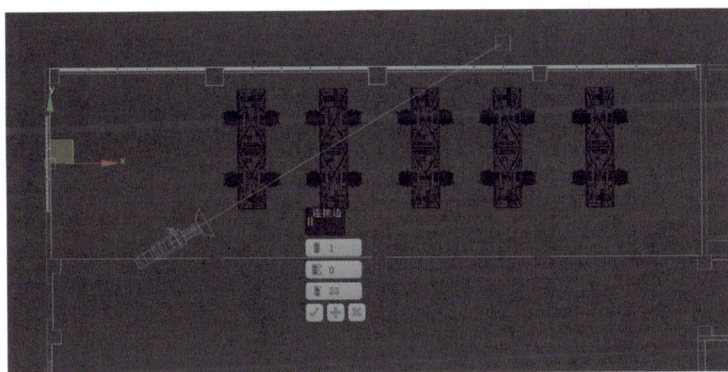

图 8-56

图 8-57

步骤 05 提升过道吊顶高度。进入透视图，将主吊顶区域选中，调用"选择并移动"工具，如图 8-58 所示。在下方数值输入区的 Z 轴坐标中设置过道吊顶的数值为"2700mm"，如图 8-59 所示。

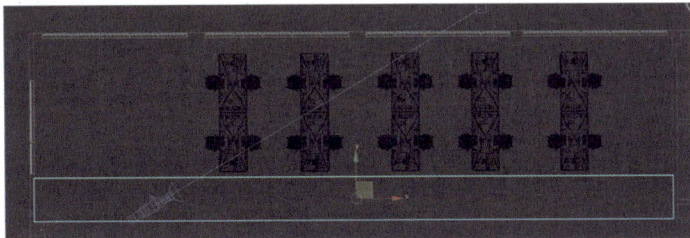

图 8-58

图 8-59

步骤 06 划分主吊顶照明灯槽和装饰线槽。选中主吊顶区域,在右侧"修改"面板的"边"子层级下,依次选择主吊顶的短边和长边,执行"连接"和"切角"命令,划分出照明灯槽和装饰线槽的边界,如图 8-60 所示。

图 8-60

步骤 07 挤出槽口深度。在右侧"修改"面板的"多边形"子层级下,依次选择灯槽和装饰线槽的面,执行"挤出"命令,并设置挤出数量为"-20mm",如图 8-61 所示。

步骤 08 绘制照明灯和装饰线条。在顶视图中，进入"创建"面板，单击"图形"｜"矩形"按钮，绘制出主吊顶区域的照明灯和装饰线条的边界线。接着调用"挤出"修改器，并设置挤出高度为"20mm"，如图 8-62 所示。进入透视图，将照明灯和装饰线条选中，调用"选择并移动"工具，

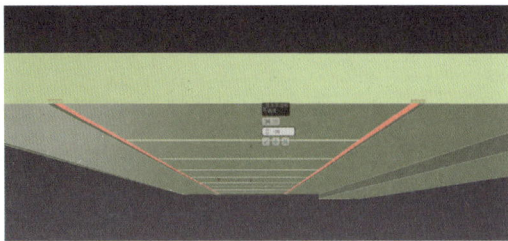

图 8-61

在下方数值输入区的 Z 轴坐标中设置吊顶的数值为"2900mm"，如图 8-63 所示。

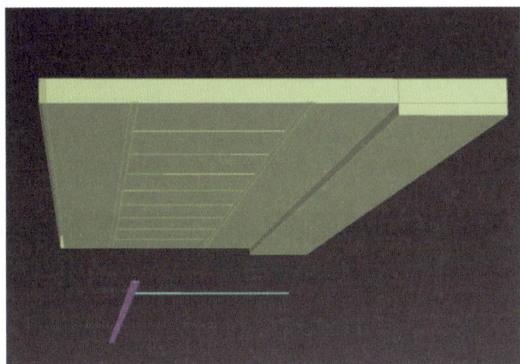

图 8-62

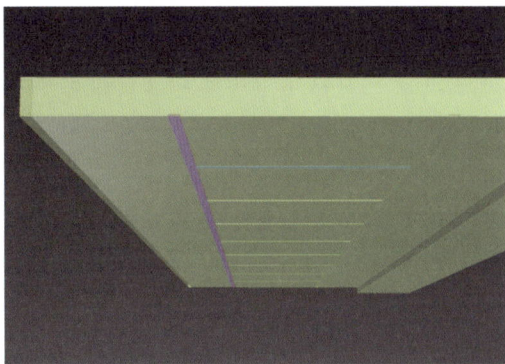

8-63

步骤 09 复制照明灯和装饰线条。选中需要复制的照明灯和装饰线条，执行"选择并移动"命令。按住 Shift 键拖动鼠标，执行"实例"方式的"克隆"命令，系统会弹出"克隆选项"对话框，单击"确定"按钮即可完成主吊顶区域照明灯和装饰线条的绘制，如图 8-64、图 8-65 所示。

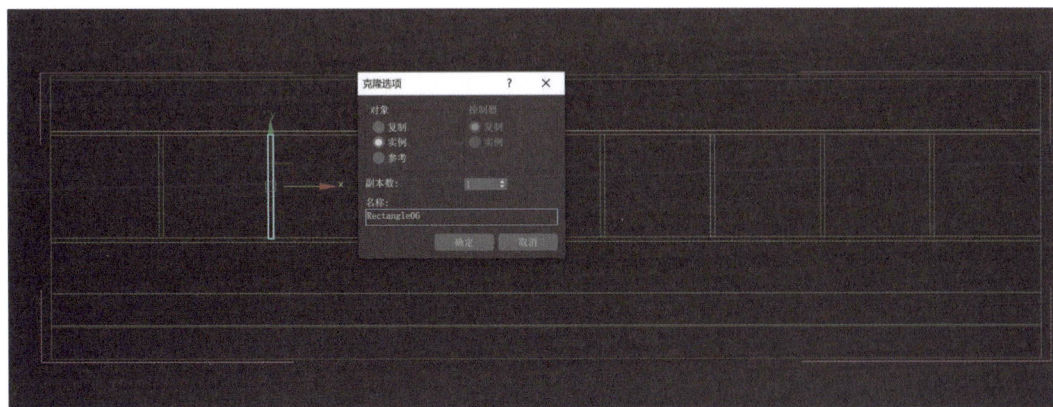

图 8-64

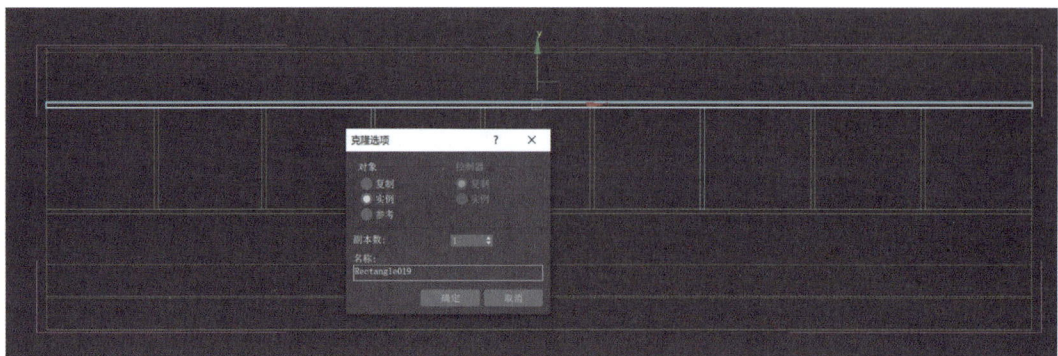

图 8-65

步骤 10 制作过道吊顶线性灯。用步骤 06～步骤 09 的方法，制作出过道吊顶的边界线与照明灯具，其中线性灯宽度为"35mm"，如图 8-66、图 8-67 所示。此时，办公区的吊顶建模基本完成，用户可以进入透视图观察其效果，如图 8-68 所示。

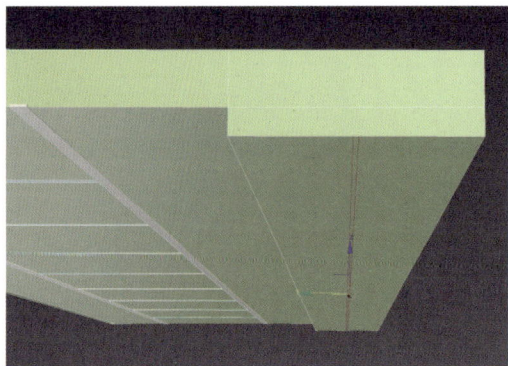

图 8-66

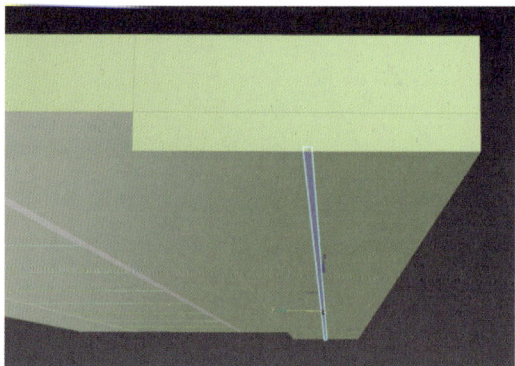

8-67

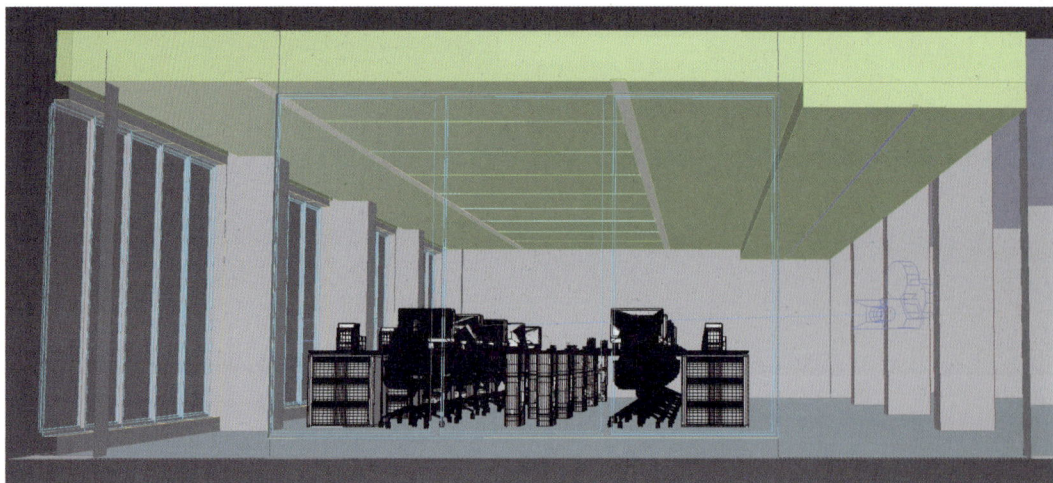

图 8-68

8.3.2　办公区柜体的制作

步骤 01 绘制办公区柜体轮廓。在左视图中，进入"创建"面板，单击"图形"
│"矩形"按钮，绘制出办公区柜体的边界线，如图 8-69 所示。

图 8-69

步骤 02 挤出柜体背板体积。选择所绘制的矩形，调用"挤出"修改器，并设置挤出高
度为"20mm"，如图 8-70 所示。

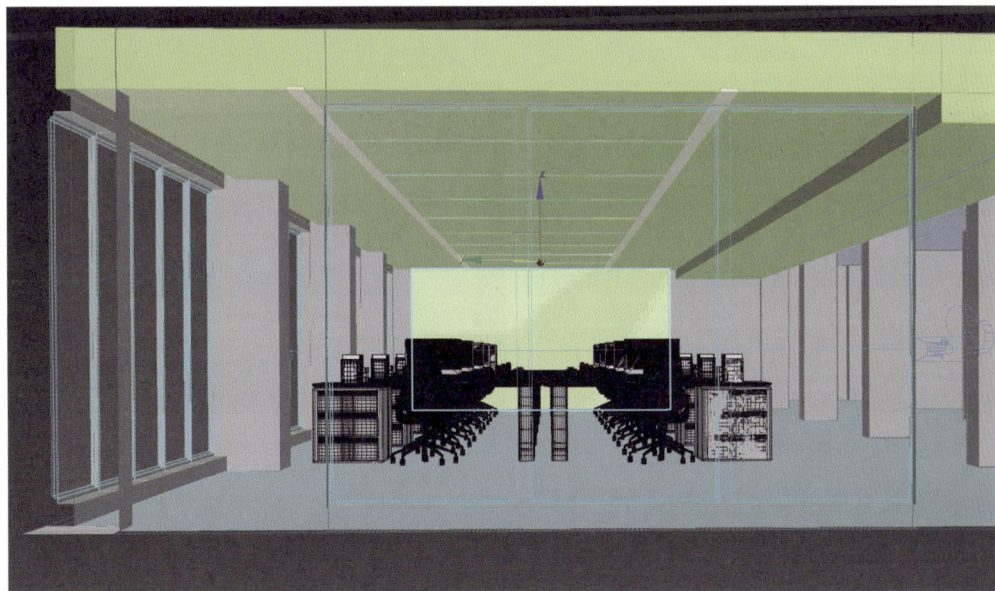

图 8-70

步骤 03 划分柜体区域。右击所绘制的背板，并将其转换为可编辑多边形。在右侧"修改"面板的"边"子层级下选择背板的长边，执行"连接"命令，如图 8-71 所示。

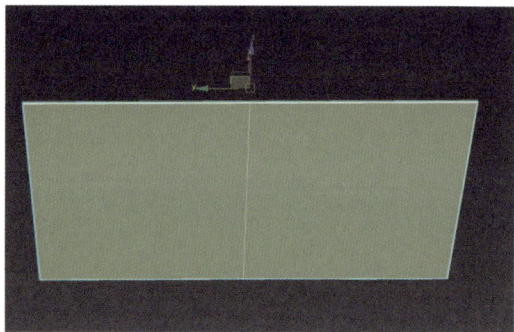

图 8-71

步骤 04 制作柜体主体。用矩形绘制出左侧柜体的边界，并执行"挤出"命令，设置挤出"数量"为"350mm"，形成如图 8-72 所示的矩形体块。将其转换为可编辑多边形，在右侧"修改"面板的"边"子层级下选择上下两边，并执行"连接"命令，进行柜体结构的竖向划分，如图 8-73 所示。用同样的方法绘制出横向的分割线，作为开放格的边线，如图 8-74 所示。在右侧"修改"面板的"多边形"子层级下，选择开放格背板，并执行"挤出"命令，设置挤出"数量"为"330mm"，如图 8-75 所示。

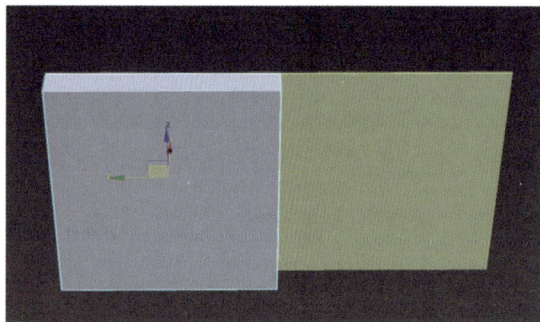

图 8-72

图 8-73

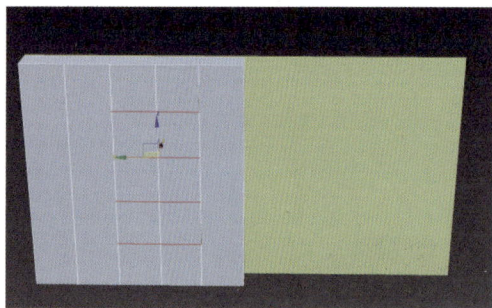

图 8-74

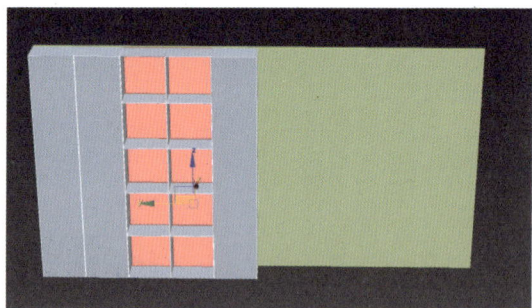

图 8-75

步骤 05 设置缝隙和边缘效果。在右侧"修改"面板的"边"子层级下选择需要进行切角的线条，并在"修改"面板的"多边形"子层级下选择需要执行"挤出"命令的缝隙的面，设置挤出"数量"为"20mm"，效果如图 8-76 所示。

步骤 06 分离柜体不同材质。在右侧"修改"面板的"多边形"子层级下选择需要执行"分离"命令的不同材质区域的面域，对其进行分离操作，并赋予其不同颜色以方便观察，如图 8-77 所示。

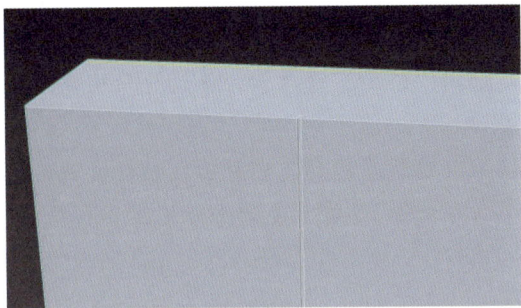

图 8-76

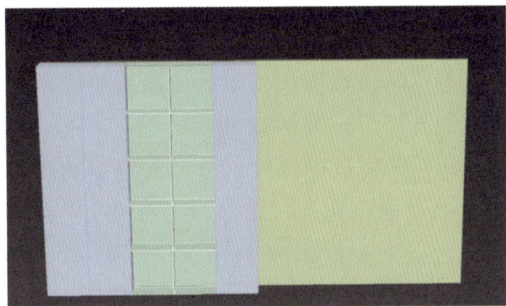

图 8-77

步骤 07 右侧柜体制作。选择"组"│"组"命令，将左侧柜体成组，如图 8-78 所示。接着选择成组的柜体，按住 Shift 键拖动鼠标，执行"实例"方式的"克隆"命令，系统会弹出"克隆选项"对话框，单击"确定"按钮，如图 8-79 所示。然后执行"镜像"命令，镜像所克隆的柜体并对齐到左侧柜体，完成效果如图 8-80 所示。

步骤 08 退出"孤立"模式，在透视图中观察柜体效果，如图 8-81 所示。

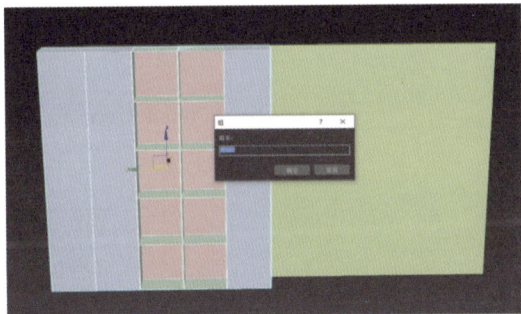

图 8-78

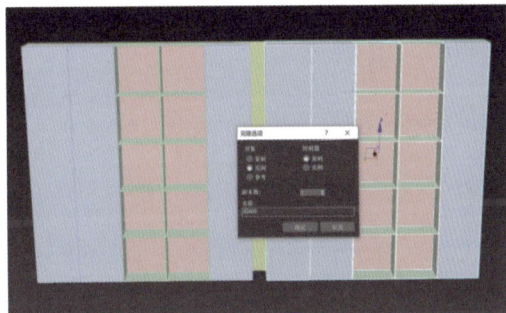

图 8-79

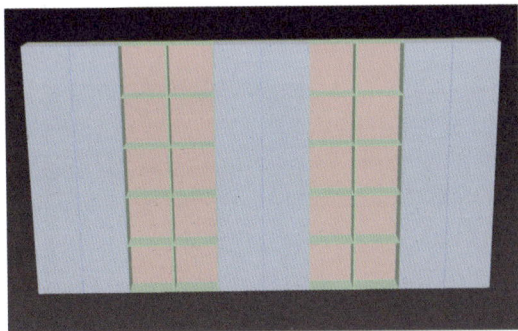

图 8-80

图 8-81

8.3.3　过道装饰墙板的制作

步骤 **01** 绘制过道墙板区域。在左视图中，进入"创建"面板，单击"图形" |
"矩形"按钮，绘制出办公区柜体的边界线。

步骤 **02** 制作墙板体积。选择所绘制的矩形，调用"挤出"修改器，并设置挤出高度为
"30mm"，如图 8-82 所示。

步骤 **03** 墙板线性灯制作。将绘制的墙板转换为可编辑多边形，划分出线性灯区域。接
着按照前面介绍的过道线性灯做法，完成墙板线性灯制作。步骤重复的部分这里不再赘述，
完成的效果如图 8-83 所示。

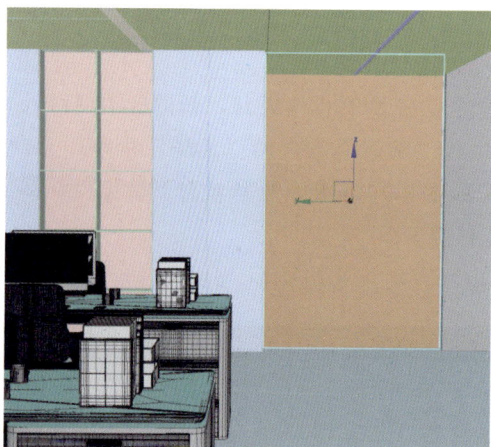

图 8-82

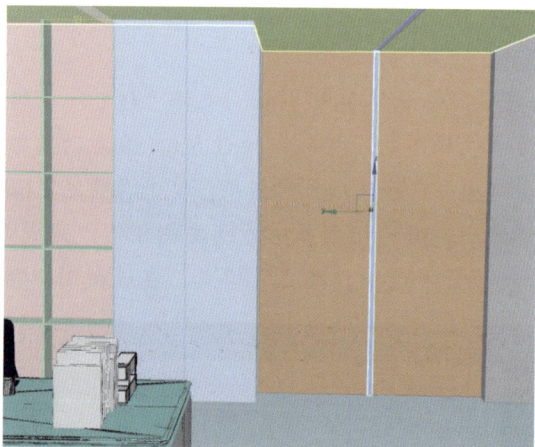

图 8-83

8.3.4　办公区地台的制作

步骤 **01** 绘制地台侧面造型。在左视图中，进入"创建"面板，单击"图形" | "矩形"
按钮，绘制出矩形，尺寸如图 8-84 至图 8-86 所示。在左视图中将 3 个矩形进行对齐，
形成地台的截面，如图 8-87 所示。

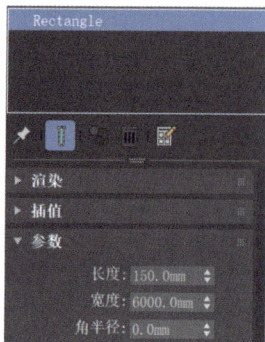

图 8-84

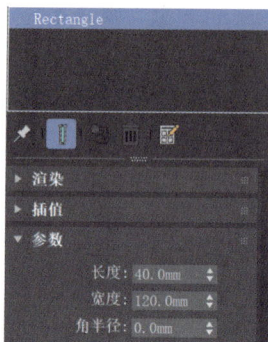

图 8-85

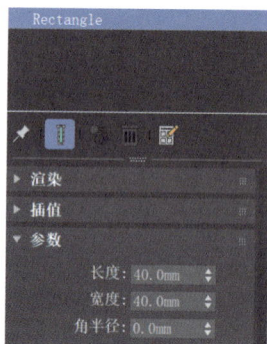

图 8-86

图 8-87

步骤 02 加工地台截面。选中一个截面矩形，在左视图中，进入"创建"面板，接着在可编辑样条线的"样条线"子层级中执行如图 8-88 所示的"附加"命令，附加另两个矩形。执行如图 8-89 所示的"修剪"命令，完成效果如图 8-90 所示。

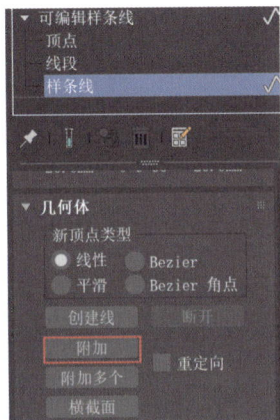

图 8-88

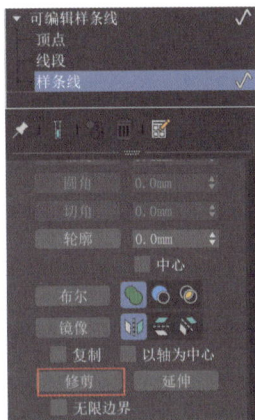

图 8-89

图 8-90

步骤 03 挤出地台体积。调用"挤出"修改器，挤出同空间长度相同的数量，如图 8-91 所示。

步骤 04 制作线性灯。依据地台灯槽的长、宽尺寸，绘制出高度为 10mm 长方体作为线性灯部分，如图 8-92 所示。

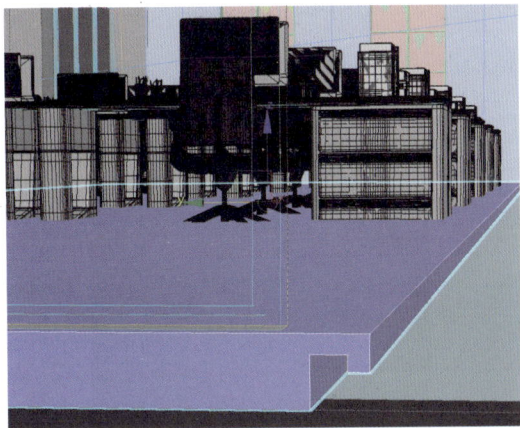

图 8-91

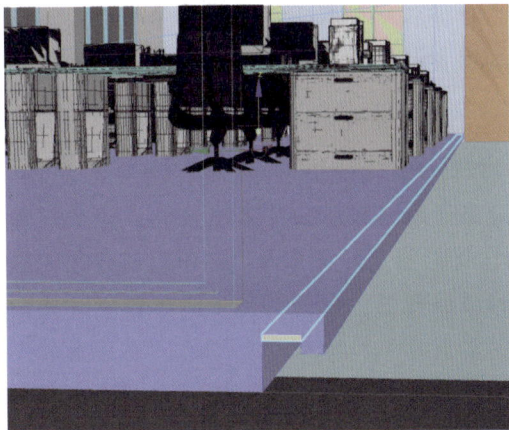

图 8-92

8.3.5 材质和灯光制作

办公空间材质和灯光的制作方法与居住空间的方法相近，这里将只介绍流程要点。

1. 找回模型材质的路径

因下载模型的贴图路径发生了变化，系统在读取贴图过程中，有时会产生问题。为了解决这个问题，用户可以对贴图路径进行重新指定。

步骤 01 查看并设置路径。若场景中确实存在贴图丢失的情况，用户可以按 Shift+T 快捷键，调出"资源追踪"对话框。选中丢失的文件名，右击鼠标，在弹出的快捷菜单中执行"设置路径"命令，如图 8-93、图 8-94 所示。

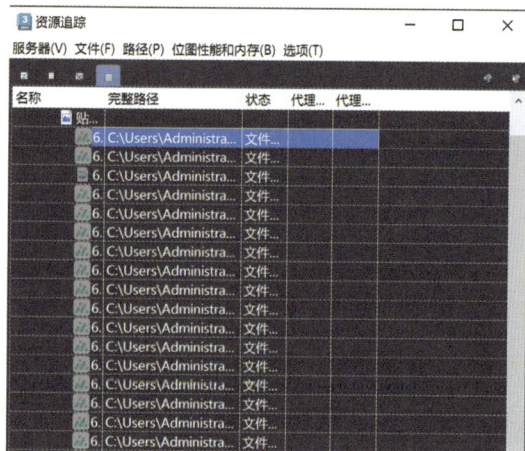

图 8-93

图 8-94

步骤 02 指定路径。执行"设置路径"命令后，系统会弹出"指定资源路径"对话框，在此对话框的右侧单击按钮███，即可在计算机中寻找正确的路径给场景贴图，如图 8-95 所示。

图 8-95

2. 在场景中设置外景贴图

步骤 01 按键盘上的 8 键，调出"环境和效果"对话框，如图 8-96 所示。设置环境 HDR 贴图后，将其以"实例"的方式拖进材质编辑器。接着在材质编辑器中设置贴图类型为"球形环境"，调整"水平旋转"至合适的角度，如图 8-97 所示。

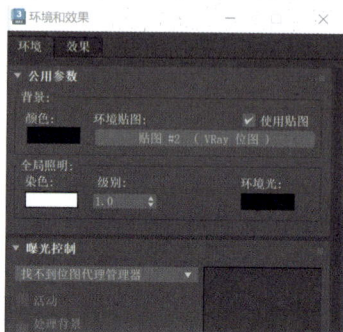

图 8-96

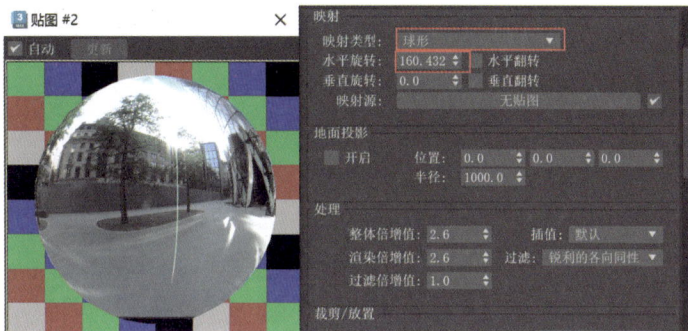

图 8-97

步骤 02 按键盘上的 Alt+B 快捷键，打开"视口配置"对话框。在"背景"选项卡中单击"使用环境背景"单选按钮，并单击"应用于'活动布局'选项卡中的所有视图"和"应用到活动视图"按钮，单击"确定"按钮，完成设置，如图 8-98 所示。

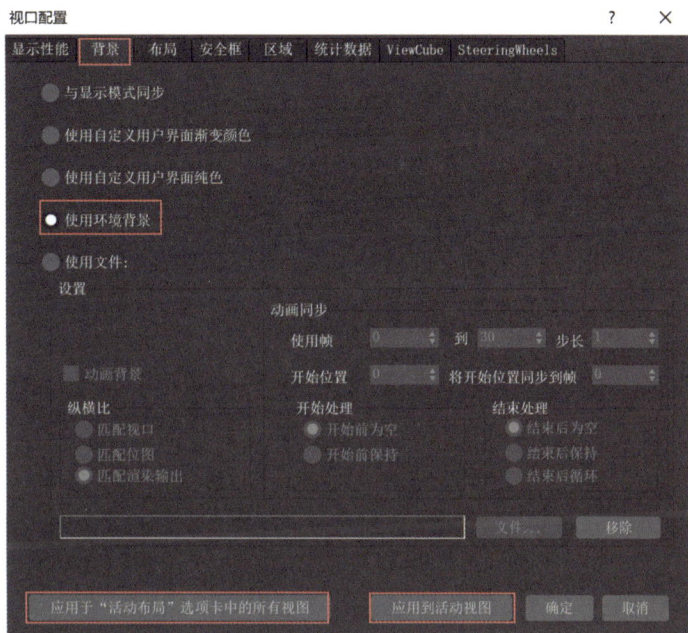

图 8-98

3. 调整材质并赋予场景中的对象

用户可在材质编辑器中调整 VRayMtl 材质，并设置如图 8-99 至图 8-105 所示参数。调整完毕后，将材质赋予场景中的对应物体。

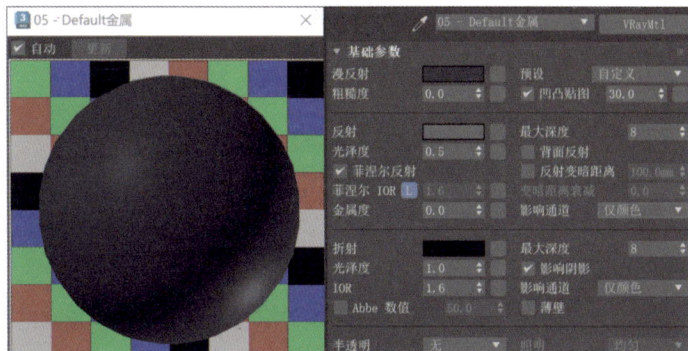

图 8-99

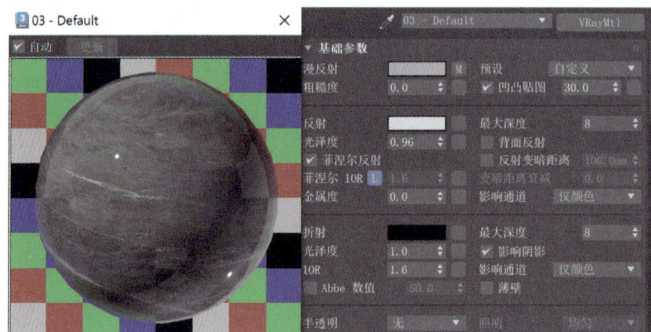
图 8-100

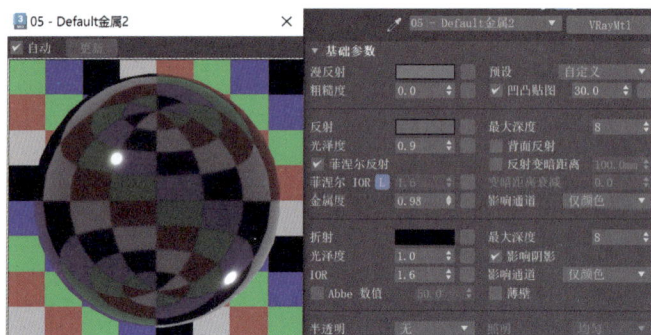
图 8-101

图 8-102

图 8-103

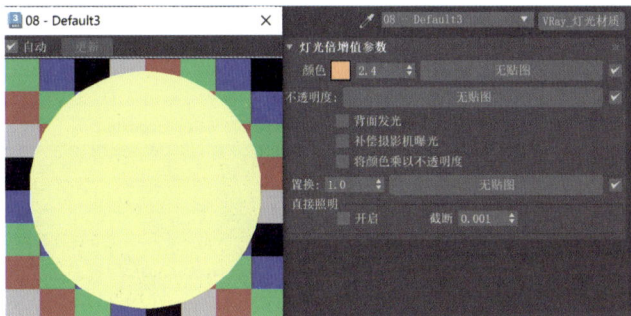

图 8-104

图 8-105

4. 灯光布置

灯光的布置方法与居住空间相似，需要根据自然光源、人造光源，以 VRay 灯光、VRayIES 布置出整体的空间照明。本案例的灯光布置情况如图 8-106 所示。

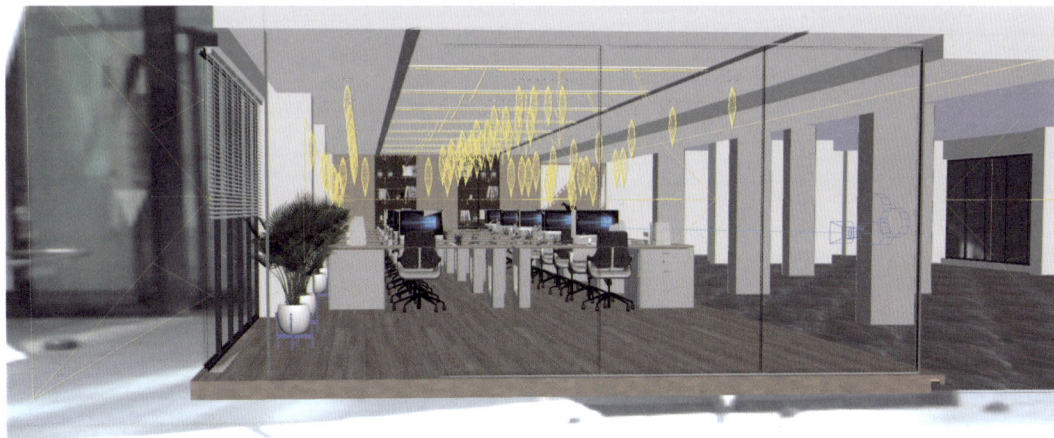

图 8-106

8.3.6　渲染输出

用户可以根据项目的出图质量要求，设置不同的出图参数进行渲染。一个中等质量的效果图，主要设置"公用"选项卡中的"宽度"、"高度"，以及"GI"选项卡中的"引擎"类型和"细分"参数，其余参数均保持了默认设置，如图 8-107、图 8-108 所示。该参数下的渲染效果如图 8-109 所示。

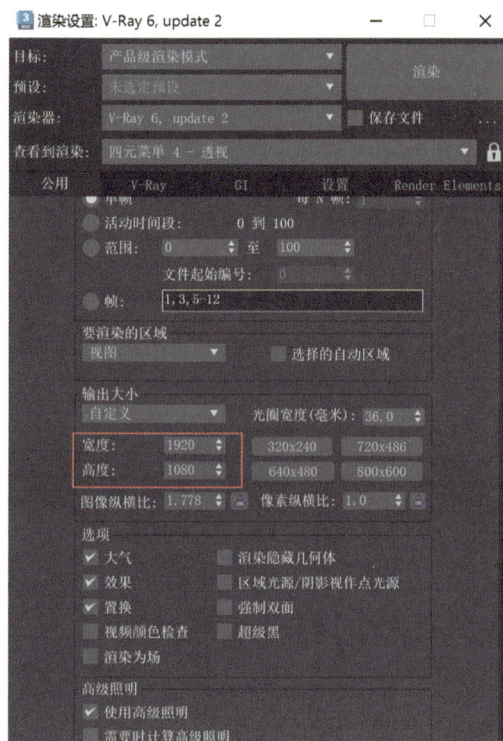

图 8-107

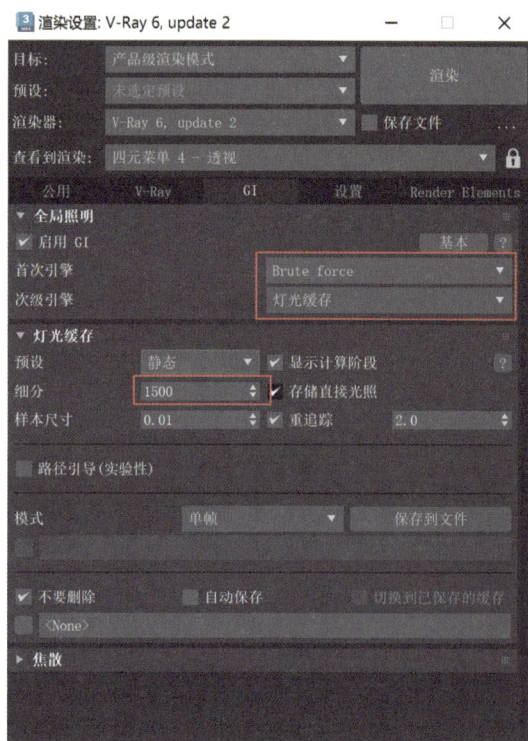

图 8-108

图 8-109